高等学校规划教材

洁净煤技术概论

赵利安　许振良　编著

东北大学出版社

·沈　阳·

图书在版编目（CIP）数据

洁净煤技术概论 / 赵利安，许振良编著. — 沈阳 ：东北大学出版社，2011.6（2019.7 重印）
ISBN 978-7-81102-941-3

Ⅰ. ①洁…　Ⅱ. ①赵… ②许…　Ⅲ. ①清洁煤—技术　Ⅳ. ①TD942

中国版本图书馆 CIP 数据核字（2011）第 100343 号

出 版 者：东北大学出版社
地址：沈阳市和平区文化路 3 号巷 11 号
邮编：110004
电话：024—83687331（市场部）　83680267（社务室）
传真：024—83680180（市场部）　83680265（社务室）
E-mail：neuph @ neupress. com
http：//www. neupress. com
印 刷 者：沈阳航空发动机研究所印刷厂
发 行 者：东北大学出版社
幅面尺寸：170mm × 228mm
印　　张：11
字　　数：209 千字
出版时间：2011 年 6 月第 1 版
印刷时间：2019 年 7 月第 3 次印刷
组稿编辑：张德喜
责任编辑：郎　坤　　封面设计：唯　美
责任校对：一　方　　责任出版：唐敏智

ISBN 978-7-81102-941-3　　定　价：28.00 元

前 言

最近数十年来，洁净煤技术作为提高煤炭利用效率、减少环境污染的重要手段，在世界各国正受到越来越多的关注。中国以煤炭为主要一次能源的状况在未来相当长的时间内不会改变，而随着煤炭开采强度越来越大，煤炭开发利用造成的环境污染问题也日益严重。因此，大力发展洁净煤技术，具有十分重要的现实意义，是当前中国矿物能源发展的唯一选择。

近几年来，随着经济的发展和环保观念的增强，在国家相关政策扶持下，洁净煤领域取得了较快发展。中国是当今世界上唯一能够在整个产业链中进行洁净煤技术投资的国家，而且已经成为世界上最大的洁净煤市场，世界上各种先进的洁净煤技术在我国相继被应用于生产。可喜的是，一些关键的大型设备已实现国产化，一批具有重大影响且具有自主知识产权的先进洁净煤技术已被研发出来。

本书根据我国洁净煤技术的发展现状和推广应用实际，按照简单和适用原则，力求用最简单的篇幅，将洁净煤技术的主要内容及其发展状况介绍给读者。本书共 15 章，主要内容包括煤炭洗选、动力配煤、型煤技术、水煤浆技术、煤炭气化技术、煤炭液化技术、烟气净化技术、煤层气开发利用技术、洁净煤发电技术、燃料电池与磁流体发电技术、煤炭清洁开采技术、煤炭运输和储存污染防治技术、碳固定与封存技术、煤基多联产技术等。本书第 1 章和第 5 章由许振良教授编写，其余各章由赵利安讲师编写。

由于洁净煤技术涉及的内容跨度大，专业面广，且该技术发展日新月异，限于作者的知识水平和能力，书中难免有不足之处，敬请读者批评指正。

编　者

2011 年 3 月

目 录

第1章　能源和环境问题

1.1　能源和环境

1.1.1　能　源

能源就是能量的来源。能源是历史发展和社会进步的物质基础，它直接关系到国民经济繁荣和人民生活的改善。从严格意义上讲，能源是人类生存的基础，人类和动物要从木材、草类、肉类等生命物质上提取能量（生物质能）。

对能源的分类多种多样，如可分为一次能源和二次能源，常规能源和新能源，可再生能源和不可再生能源等，如图1-1所示。

- 能源
  - 一次能源
    - 常规能源
      - 可再生能源：水力
      - 不可再生能源：煤炭、石油、天然气
    - 新 能 源
      - 可再生能源：太阳能、生物能、风能、地热能、海洋能
      - 不可再生能源：核燃料
  - 二次能源：电力、焦炭、煤气、沼气、蒸汽、汽油、柴油、氢气、激光

图1-1　能源的分类

一次能源是指直接取自自然界、没有经过加工转换的各种能量和资源，它包括：原煤、原油、天然气、油页岩、核能、太阳能、水力、风力、波浪能、潮汐能、地热、生物质能和海洋温差能等。其中煤炭、石油和天然气是千百万年前动植物遗骸在地下经过漫长的地质年代形成的，又称为化石能源，它们是当今世界一次能源的三大支柱，构成了全球能源家族结构的基本框架。

由一次能源经过加工转换后得到的能源产品，称为二次能源，例如：电力、蒸汽、煤气、汽油、柴油、重油、液化石油气、酒精、沼气、氢气和焦炭等。

目前，人类使用的主要能源有：煤炭、石油、天然气、核能、水能、太阳能、风能、地热和生物质能等。

1.1.2　环境及环境问题

环境是指影响人类生存和发展的各种天然的和经过人工改造的自然因素的

总体，包括大气、水、海洋、土地、矿藏、森林、草原、野生生物、自然遗迹、人文遗迹、风景名胜区、自然保护区、城市和乡村等。

环境问题是指由自然力和人类活动作用于周围环境所引起的环境质量变化，以及这种变化对人类的生产、生活和健康造成的影响。

从引起环境问题的根源考虑，环境问题可分为两类。由自然力引起的为原生环境问题，又称第一类环境问题。它主要是指地震、洪涝、干旱、滑坡等自然灾害问题。对于这类环境问题，目前人类的抵御能力还很薄弱。由人类活动引起的为次生环境问题，也叫第二类环境问题，它又可分为环境污染和生态环境破坏两类。

石油、煤炭、天然气燃烧产生的二氧化碳是温室气体，它的大量排放将会造成地球表面温度逐年升高。这将引起两极和格陵兰的冰盖融化，海平面上升，北半球高纬度大陆的冻土带融化或变薄和大范围地区沼泽化。此外，海洋变暖后海水体积膨胀还会引起海平面升高。CO_2 增加不仅使全球变暖，还将造成全球大气环流调整和气候带向极地扩展，导致包括我国北方在内的中纬度地区降水减少，气候趋于干旱化。

化石燃料中一般都包含杂质，特别是硫、氮、磷、砷等，燃烧产物呈酸性，容易造成大气污染和形成酸雨。

城市大气污染主要来自化石燃料的燃烧和汽车尾气的排放。产生和排放的主要污染物有一氧化碳、二氧化碳、氮氧化物、燃烧不完全的烃类、铅化合物等。

环境问题是一个全球性的问题。污染物可以在生物基因中停留相当长的时间，并且通过扩散或漂移输送到离污染源相当远的地方。因此，需要一个全球性的组织来管理、规划我们的环境。

1.1.3 能源与环境的关系

人类在生存发展的过程中，通过各种手段和技术对能源不断地进行开发和转换，对能量进行利用和再利用，以提高人类自身的生存能力和生活质量。从某种程度上来说，当今人类的生活已离不开能源，因为人类不断向自然索取能源，并加以利用。而环境是人类生存的基本物质条件，破坏环境就是在破坏人类自己的生活。多年来，由于能源的粗放利用而导致的环境问题已经严重地影响了人类的生活质量，日益引起了人们的注意。于是，人们不禁要发出疑问，能否在开采和利用能源的同时又不破坏人类赖以生存的环境呢？相关专家给出了如下的答案：开发无污染的新能源；充分利用能源，节约能源；保护环境，保护资源；制定法律法规，提高公民的环境意识。

如果人类都有爱护能源和保护环境的意识，人类将同自然和谐相处，人类社会将不断向前发展。

1.2　煤炭常规利用的危害及对策

1.2.1　煤炭常规利用对环境的危害

我国煤炭消费的一个主要特点是原煤的大量直接燃烧，大约有62%的原煤没有经过洗选或洁净化处理就直接燃烧了。由于煤炭大量直接燃烧，燃煤质量差，燃烧效率低，加重了“煤烟型污染”，使空气质量变得更差。

煤炭燃烧要产生二氧化硫、一氧化碳、烟尘、放射性飘尘、氮氧化物、二氧化碳等。其中，二氧化硫易形成酸雨，二氧化碳能引起温室效应。

1.2.1.1　酸雨及其危害

酸雨是指pH值小于5.6的雨水、冻雨、雪、雹、露等大气降水。大量环境监测资料表明，由于大气层中的酸性物质增加，地球大部分地区上空的云水正在变酸，如不加以控制，酸雨区的面积将继续扩大，给人类带来的危害也将与日俱增。现已确认，大气中的二氧化硫和二氧化氮是形成酸雨的主要物质。

酸雨给地球生态环境和人类社会经济造成严重的影响和破坏。研究表明，酸雨对土壤、水体、森林、建筑、名胜古迹等均会造成严重危害，不仅造成重大经济损失，更危及人类生存和发展。酸雨使土壤酸化，肥力降低。有毒物质会毒害作物根系，甚至会杀死根毛，导致作物发育不良或死亡。酸雨还可能杀死水中的浮游生物，减少鱼类食物来源，破坏水生生态系统。酸雨污染河流、湖泊和地下水，直接或间接危害人体健康。酸雨对森林的危害更不容忽视，酸雨淋洗植物表面，直接伤害或通过土壤间接伤害植物，最终会导致森林衰亡。酸雨对金属、石料、水泥、木材等建筑材料均有很强的腐蚀作用，因而对电线、铁轨、桥梁、房屋等均会造成严重损害。

1.2.1.2　全球气候变暖和温室效应

众所周知，温室具有让阳光射入和阻止热量外逸的功能。地球大气中的一些微量气体，如二氧化碳、一氧化碳、水蒸气、甲烷等，它们也有类似于温室的功能，即让太阳短波辐射自由通过，同时强烈吸收地面和空气反射出的长波辐射，阻碍热量外逸，从而造成近地层大气增温。这种增温作用被称为“温室效应”，这些微量气体被称为温室气体。近几十年以来，由于化石燃料的大量燃烧，以及森林减少等原因，大气中二氧化碳等温室气体的浓度显著增高。

在所有的化石燃料中，煤的含碳量最高，燃烧时产生的二氧化碳也最多，燃煤排放的二氧化碳量占总排放量的80%左右。

相关研究表明，二氧化碳是世界公认的全球气候变暖的主要根源。目前全球平均气温比1000年前上升了0.3～0.6℃；据预测，由于能源需求不断增加，二氧化碳排放量也将不断增大，到2050年全球平均气温可能会上升1.5～4.5℃。温室效应和气候变暖严重威胁全球的生态系统和人类生存。在我国，由于气温上升导致约50%的冰川退缩和变薄，雪线上升，冰川后退。近300多年来冰川面积减少了27.4%，其结果是北方荒漠面积大大增加，耕地面积减少。近50年以来，我国沿海海平面平均每年上升2.6mm，海平面上升将使沿海城市受到威胁，沿海低地被淹没，海水倒灌，排水不畅，土地盐渍化。同时，气候变暖还导致极端气候事件，如暴雨、干旱、沙尘暴、“厄尔尼诺”等现象的发生频率和强度相应增加。

1.2.1.3 烟尘排放及其危害

目前，我国燃煤烟尘排放量占排放总量的70%左右。烟尘主要以颗粒物的形式在大气中悬浮和飘移。烟尘中直径小于10μm的固态和液态颗粒物是“可吸入颗粒物”的重要组成部分，它们粒小体轻，可长期飘浮在空气中，还可吸附各种金属粉尘、病原微生物以及苯并芘等致癌物。这些可吸入颗粒物随人的呼吸进入体内，或滞留在呼吸道不同部位，或进入肺泡，对人体健康造成极大危害。烟尘还可以降低大气透明度，影响植物的光合作用。

1.2.1.4 氮氧化物和光化学烟雾

煤炭燃烧排放的氮氧化物主要有NO和NO_2。氮氧化物中对人体健康危害最大的是NO_2，主要是破坏呼吸系统，可引起支气管炎和肺气肿。当NO浓度较大时对人体的毒性很大，它可与血液中血红蛋白结合成亚硝酸基血红蛋白或高铁血红蛋白，从而降低血液输氧能力，引起组织缺氧，甚至损害中枢神经系统。氮氧化物还可直接侵入呼吸道深部的细支气管和肺泡，诱发哮喘病。

大气中的氮氧化物和挥发性有机物（VOC）达到一定浓度后，在太阳光照射下，经过一系列复杂的光化学反应，可生成含有臭氧、醛类、硝酸酯类化合物的“光化学烟雾”。光化学烟雾是一种具有强烈刺激性的淡蓝色烟雾，可使空气质量恶化，对人体健康和生态系统造成损害。

氮氧化物在大气中还可形成酸雨，同SO_2形成的酸雨一起，加重对环境的危害。

1.2.2 解决煤炭常规利用环境污染的对策

1.2.2.1 改善能源结构，大力发展新能源与可再生能源

传统的火力发电可造成严重的水、大气、固废污染。特别是大气污染中的粉尘、二氧化硫、氮氧化物等对人体的伤害尤为严重。火力发电排放的二氧化碳是温室气体的“主力”。

有关专家提出，以增加核能发电来应对温室效应，现实性并不强，开发清洁与可再生能源是更为有效的出路。就我国的能源结构来看，首先应加快开发水电。我国可供开发的水能资源为3.79亿kW，但目前开发利用程度还不高。水能是可以再生的清洁能源，运行费用低，无大气污染问题，加快水电发展有利于改善我国电力工业结构，降低煤炭消费量。其次应扩大天然气的发电比重，根据国际能源机构（IEA）的资料，IEA会员国未来的发电结构，天然气发电的比重将由2005年的19.6%增至2011年的23%～24%，而核能发电的比重则不断降低。

1.2.2.2 重视环境保护，促进和谐发展

美国、日本等经济发达国家，每年在环保方面的投入往往能够占到GDP的3%左右。

就我国现阶段而言，经济发展不是唯一的发展形态，更不是最终的发展形态，增长方式也不再是以GDP的数字增长为根本方向。发展应该是在与大自然和谐相处下，社会的整体发展和人的全面发展。环保是我们发展的首要前提，这有赖于国家、企业和个人。按照一般国际惯例，环保投入应该占GDP的2%，我国近年来每年的投入为1.5%左右。可见，国家在环保方面的投入还需加大。

1.2.2.3 节能减排

我国电力、钢铁、有色、建材、石油加工、化工等行业是能源消耗和污染物排放的主体。遏制这些高耗能、高污染行业过快增长，是推进节能减排工作的当务之急。我国火力发电能耗高、污染重的主要原因是结构“小型化”。传统小锅炉分散供热效率只有60%左右，工业窑炉平均运行热效率为40%～50%，热电联产锅炉集中供热效率可达到90%。所以应该大力发展热电联产，取代民用、工用小锅炉。

针对我国燃煤污染严重的实际情况，提高煤炭资源的使用效率和技术进步最为重要，可从以下几方面着手：一是工业锅炉大型化。我国约有60万台工业锅炉，年耗煤约4亿吨，但锅炉平均热效率仅60%左右，原因是锅炉容量

小、效率低、污染大、煤耗高。我国应采取热电联供、集中供热或分片供热系统以取代分散的小锅炉。二是火电机组现代化。我国供电平均煤耗比工业发达国家约高1/3，主要原因是火电机组设备落后，效率低。因此，需更新改造中压中等容量机组，改造小型机组，更重要的是尽快发展亚临界和超临界机组，降低煤耗。三是城市煤气化。全国城镇居民炊事用煤一年达6500万吨以上，但是利用效率仅为15%，若改用煤气，其效率可提高到50%。

1.2.2.4 实施洁净煤技术

当前中国能源以煤炭为主，在一段较长时间内这种局面难以改变。煤炭传统利用过程中污染严重，而且排放大量温室气体。推广利用洁净煤技术可大幅度提高煤炭利用效率、减少环境污染。发展洁净煤技术，是当前中国能源发展的现实选择和必然要求。

从长远看，新能源和可再生能源要大量取代化石能源是一项十分艰巨的任务，绝非一朝一夕可以实现。预计21世纪的上半叶煤炭仍将是我国能源的主体。在这段过渡时期，必须依靠洁净煤技术，提高能源利用效率，减少环境污染及温室气体排放。

第 2 章　洁净煤技术

2.1　洁净煤技术构成

洁净煤技术（CCT）一词源于美国，1980 年列入能源词典。洁净煤技术是煤炭从开发到利用全过程中，旨在减少污染排放与提高利用效率的加工、燃烧、转化及污染控制等高新技术的总称。目前，洁净煤技术将煤炭利用的经济效益、社会效益与环保效益结合为一体，成为能源工业中国际高新技术竞争的一个主要领域。

洁净煤技术可分为四大部分：煤炭燃烧前处理（净化技术）、燃烧中处理（净化技术）、燃烧后处理（净化技术）和转化技术。每部分又分为若干内容。

2.1.1　燃烧前处理

燃烧前处理分为以下 3 个部分。

（1）选煤。选煤分为常规选煤、高效物理选煤、化学选煤和微生物选煤。

（2）型煤。型煤分为工业型煤、民用型煤和特种型煤。

（3）水煤浆。水煤浆分为普通水煤浆和精细水煤浆。

2.1.2　燃烧中处理

燃烧中处理分为以下几部分。

（1）低污染燃烧；

（2）燃烧中固硫；

（3）流化床燃烧；

（4）蜗旋燃烧。

2.1.3　燃烧后处理

燃烧后处理分为烟气净化和灰渣处理。

2.1.4　转化技术

转化技术分为以下几部分。

(1) 煤气联合循环发电；
(2) 城市煤气化；
(3) 地下煤气化；
(4) 煤液化；
(5) 燃料电池；
(6) 磁流体发电。

2.1.5 洁净煤技术构成中各部分间关系

燃烧前、中、后三阶段（还有转化技术）愈后愈难，投资和成本也愈后愈高。各国在分阶段进行各环节净化技术的同时，也分阶段进行技术经济优化。

2.2 国内、外洁净煤技术发展概况

2.2.1 国内洁净煤技术发展概况

为了提高煤炭开发利用效率、减轻环境污染，我国在洁净煤技术方面开展了大量的研究、开发和推广工作。随着国家宏观发展战略的转变，洁净煤技术作为可持续发展和实现两个根本转变的战略措施之一，得到政府的大力支持。1995 年国务院成立了“国家洁净煤技术推广规划领导小组”，组织制定了《中国洁净煤技术“九五”计划和 2010 年发展纲要》，并于 1997 年 6 月获国务院批准。

中国洁净煤技术计划框架涉及 4 个领域：煤炭加工、煤炭高效洁净燃烧、煤炭转化、污染排放控制与废弃物处理，包括 14 项技术，即煤炭洗选、型煤、水煤浆、循环流化床发电技术、增压流化床发电技术、整体煤气化联合循环发电技术、煤炭气化、煤炭液化、燃料电池、烟气净化、电厂粉煤灰综合利用、煤层甲烷的开发利用、煤矸石和煤泥水的综合利用、工业锅炉和窑炉。

2.2.2 国外洁净煤技术发展概况

1986 年 3 月，美国率先推出“洁净煤技术示范计划（CCTP)”，主要包含 4 个方面：①先进的燃煤发电技术（整体煤气化联合循环发电（IGCC)，流化床燃烧（CFBC)，改进燃烧和直接燃煤热机）；②环境保护设备（NO_x 与 SO_x 控制）；③煤炭加工洁净能源技术（洗选、温和气化、液化）；④工业应用（炼铁、水泥及其他行业控制硫、氮、灰尘排放和烟气回收洗涤等）。欧盟正

在研究开发的项目有煤气化联合循环发电（IGCC），煤和生物质及废弃物联合气化（或燃烧），循环流化床燃烧，固体燃料气化与燃料电池联合循环技术等。日本近年来开始较大幅度地增加煤炭的消费量，发展洁净煤技术成为热点。正在开发的项目包括：①提高煤炭利用效率的技术，如IGCC，CFBC和PFBC－CC等；②脱硫、脱氮技术，如先进的煤炭洗选技术，富氧燃烧技术，先进的废烟处理技术和先进的焦炭生产技术等；③煤炭转化技术，如煤炭液化、煤炭气化、煤气化联合燃料电池和煤的热解等；④粉煤灰有效利用技术。

2.2.2.1 美国洁净煤技术发展概况

美国的洁净煤技术可追溯到20世纪60年代。初为概念设计和实验室实验阶段，70年代到80年代进行了扩大实验与初步推广，90年代进入到大规模的工业示范阶段。

1986年3月，美国率先推出"洁净煤技术示范计划（CCTP）"。该计划是在美国和国际上出现高效利用需求和加强环境保护的背景下产生的。出发点是最大限度地利用煤的潜能，以满足美国和国际市场的需求。到1994年9月已进行5轮竞争性项目征集。共优选出45个商业性示范项目，总投资71.4亿美元。已有13项取得初步商业化成果。

2.2.2.2 欧盟洁净煤技术发展概况

欧盟研究开发洁净煤技术的主要目标是：改善煤电生产的经济性和增强欧洲洁净煤技术的出口潜力。1993—1996年，欧盟在洁净煤技术方面有7个大项目，总投资为1亿欧元。

2.2.2.3 日本洁净煤技术发展概况

1974年，日本提出新能源技术开发计划，此后又分别于1978年和1989年提出了"节能技术开发计划"和"环境保护技术开发计划"。1993年，日本政府将上述3个计划合并成了规模庞大的"新阳光计划"。"新阳光计划"的主要目的是在政府领导下，采取政府、企业和大学三者联合的方式，共同攻关，克服在能源开发方面遇到的各种难题。"新阳光计划"的主导思想是实现经济增长与能源供应和环境保护之间的平衡。"新阳光计划"的主要研究课题大致可分7大领域，即再生能源技术、化石燃料应用技术、能源输送与储存技术、系统化技术、基础性节能技术、高效与革新性能源技术、环境技术等。再生能源技术研究包括太阳能、风能、温差发电、生物能和地热利用技术等，其中最受重视的是太阳能。从目前的效果看，经过多年的开发，日本太阳能研究已经达到了世界最高水平。1997—2004年，日本的太阳能普及和利用始终保持着90%的增长率。在研究超高效太阳能电池方面，日本已经达到在锗和硅片上形成结晶，并使每平方厘米单晶硅上的能量转换率分别达到约31%和18%，居世界领先水平。

现在的日本是一个风景映丽、环境优美的太平洋岛国，而发生于20世纪中叶的东京光化学烟雾、水俣病、痛骨病等事件却给当地居民带来无尽灾难，引起了当时日本政府的高度重视。同时，日本是一个资源匮乏但经济发达的工业强国，为保持其稳定发展，重建绿色地球的“新阳光计划”在21世纪初开始实施，主要内容为能源和环境技术的研究开发，该计划提出了“简单化学”的概念，即采用最大程度节约能源、资源和减少排放的简化生产工艺过程来实现未来的化学工业，为了地球环境而变革现有技术。指出绿色化学就是化学与可持续发展相结合，其方向是化学的发展适应于改善人们健康和保护环境的要求。

2.3 我国发展洁净煤技术的必要性及重点

2.3.1 我国发展洁净煤技术的必要性

2.3.1.1 煤炭在未来数十年还将占主导地位

据有关专家预测，到2020年，我国煤炭占能源消费总量的比例为54%，石油为27%，天然气为9.8%，一次电力为9.2%。可见煤炭在未来几十年中仍将是中国的主要能源。今后，我国煤炭的生产和消费将在目前的水平上有较大增长，因此煤炭的开发和加工利用对环境压力将越来越大，与日趋严格的环保标准的矛盾也将越来越突出。为了我国经济和社会能实现可持续发展，必须发展符合我国国情的洁净煤技术。

由表2-1和表2-2可以看出，煤炭在我国能源消费结构中所占的比重远远超过世界平均水平，而且，我国85%的煤炭直接用来燃烧。据有关统计，我国燃煤产生的二氧化硫排放量占全国总排放量的74%；二氧化碳排放量占总排放量的85%；氧化氮排放量占总排放量的60%；总悬浮颗粒（TSP）排放量占总排放量的70%。可见，煤炭直接燃烧的产物已经成为我国环境污染物的主要来源。因此，发展洁净煤技术将是我国能源发展的战略选择。

2.3.1.2 我国目前煤炭的开发、加工和消费过程中对环境的污染严重

我国是世界煤炭第一生产大国，现阶段煤炭在一次能源消费结构中占75%左右，特别是改革开放以来，煤炭为我国的经济腾飞作出巨大贡献。与此同时，煤炭在开发和利用过程中也造成严重的环境问题，危及生态平衡和人们生活。主要表现有以下几点。

表2-1　中国一次能源消费结构

年份	消费量/万吨标准煤	在消费量中所占比例/%			
		煤炭	石油	天然气	水电
1955	6968	93.0	4.9		2.1
1960	30189	93.9	4.1	0.5	1.5
1970	29291	80.9	14.7	0.9	3.5
1980	60275	72.2	20.7	3.1	4.0
1990	98703	76.2	16.6	2.1	5.1
1998	136000	71.6	19.8	2.1	6.5
2000	130297	66.1	24.6	2.5	6.8
2002	148000	66.0	23.4	2.7	7.8

表2-2　全球一次能源消费结构

年份	合计消费量/亿吨标准煤	在消费量中所占比例/%			
		煤炭	石油	天然气	水电
1981	92.40	27.85	45.95	20.21	5.99
1982	91.43	28.38	44.81	20.65	6.17
1983	90.88	29.05	43.63	20.86	6.46
1984	91.77	29.49	42.94	20.86	6.70
1985	95.76	29.66	41.94	21.77	6.64
1986	97.59	30.33	41.01	22.03	6.64
1987	99.73	30.29	41.33	21.80	6.57
1988	102.80	30.42	40.89	22.21	6.49
1989	106.22	30.24	40.83	22.50	6.44
1990	108.29	29.85	40.72	23.12	6.31
1991	109.53	29.13	41.01	23.39	6.46
1992	109.82	28.82	40.82	23.77	6.60
1993	110.27	28.48	41.14	23.80	6.58
1994	111.02	28.49	40.55	24.05	6.92
1995	112.14	28.38	40.84	23.90	6.88
1996	114.89	28.37	40.44	24.09	7.09
1997	118.56	28.35	40.19	24.48	6.97
1998	119.60	27.92	40.86	24.18	7.03
1999	119.65	27.26	41.03	24.58	7.13
2000	121.11	26.81	41.28	24.80	7.10
2001	124.29	27.14	40.66	25.19	7.02
2002	124.96	27.22	40.64	25.32	6.82
2003	127.38	27.29	40.25	25.64	6.82
2004	131.92	28.47	39.59	25.36	6.58
2005	138.09	28.96	39.30	25.09	6.65

（1）我国煤炭消费结构与发达国家有较大差别。在美国、英国、德国、加拿大等国煤炭主要用于发电，而我国用于发电的煤炭仅占1/3左右，用于工业与取暖锅炉、民用、冶金分别占30%，20%和8%。而工业锅炉与民用燃煤污染远较发电严重，因此，必须针对煤炭消费的现状，优先解决污染严重的用煤终端污染问题。

（2）我国商品煤的洗选程度较低，商品煤总体质量较差。据统计，2009年我国原煤入洗率仅为43%，动力煤入洗率不到20%，分别比发达国家低12%和20%。提高原煤洗选比重，改善商品煤总体质量，已是我国洁净煤技术的当务之急。

（3）煤炭开发过程中对煤层气（甲烷）的处理程度很低。我国在煤炭开发过程中对煤层气的处理程度很低，大量煤层气随着煤炭开采释放到大气中，污染环境。在发展我国洁净煤技术时，对煤层甲烷气的合理开发与利用应予以重视。

（4）我国煤矿的环境污染严重，治理程度低。与发达国家相比，我国煤矿的环境污染严重，治理程度低，与煤炭共伴生的矿物综合利用程度低。特别是我国1349个县中分布有近1.5万个小矿（截至2009年年底），其中绝大部分是乡镇煤矿或个体煤矿，资源破坏和环境污染尤为严重。

2.3.1.3 我国可再生能源发展缓慢

目前，我国可再生能源利用量明显低于发达国家平均水平，核能装机容量低于世界平均水平14个百分点，可再生能源和新能源发展滞后。降低对煤炭和石油的过分依赖，突破资源和环境诸多约束，实现能源与经济、社会、环境可持续发展成为当务之急。受经济发展水平制约，国内可再生能源技术研发及产业化投放不足，没有形成完备的可再生能源技术研发和装备制造体系，部分关键技术和设备长期依赖进口。由于缺乏资源勘察、评价和管理体系，尤其缺乏项目规划和发展所需要的详细资料、环境效益和社会效益评价，可再生能源在市场竞争中处于不利地位，并未形成全社会积极参与发展的局面。

可见，国家应该通过制定可再生能源开发利用法等措施，确立可再生能源在国家能源战略中的重要地位，消除可再生能源开发利用市场障碍，营造可再生能源发展的市场空间。另外，还应设立可再生能源发展的资金保障体系，建立促进可再生能源发展的文化氛围，全力推进我国可再生能源的发展。

2.3.2 我国当前发展洁净煤技术的重点

近期我国应当着重发展的洁净煤技术，主要包括以下几方面。

2.3.2.1 选煤技术

选煤是提高商品煤总体质量的关键所在，是煤炭优化利用的前提，是改善环境、提高热能利用效率的基础。应加快选煤事业的发展，大力提高原煤的入洗比重。常规的物理选煤可除去60%的灰分和1/3以上的黄铁矿硫。因此，要大力研究和开发选煤新技术。工业发达国家在先进物理选煤、化学选煤、生物选煤等方面已取得不少进展，最先进的技术在实验室已达到脱硫90%和脱灰95%的水平。

2.3.2.2 型煤技术

型煤一般是粉煤或低品位煤经加工制成的一定强度和形状的煤制品。型煤的节能率与环境效益十分显著。民用型煤与散煤相比，燃烧热效率提高1倍，一般可节煤20%～30%，烟尘和SO_2减少40%～60%，CO减少80%；工业炉窑和蒸汽机车燃烧型煤与烧原煤相比可节煤15%，烟尘减少50%～60%，SO_2减少40%～50%。

我国民用型煤技术已达到国际水平，目前城镇民用型煤年销售量已达40Mt以上，工业型煤也有一定的生产规模。各类化肥厂现有800余套粉煤成型装置在运行，以生产石灰碳化煤球作为造气型煤；工业锅炉用型煤和机车用型煤均已建成示范厂；炉前成型工艺也有一些工业性示范点。

2.3.2.3 水煤浆

水煤浆是20世纪70年代发展起来的一种以煤代油的新型燃料。由于生产水煤浆的原料煤灰分一般小于8%、硫分小于0.5%，而且燃烧时火焰中心温度比烧煤和烧油低，因此燃烧时烟尘、SO_2和NO_x的排放远比烧原煤低，NO_x生成量也比烧油低。国外已在电热锅炉和其他工业锅炉上成功燃用水煤浆，美国与俄罗斯分别建成并投入营运低浓度与高浓度水煤浆管道运输，形成水煤浆制备—管道运输—发电工程系统。我国水煤浆的研究、开发与示范也取得很大进展，已具备工业性应用的条件。目前已建成6个制浆厂，总能力达1Mt，并在工业锅炉、轧钢炉、烧结加热炉、铸造加热炉、水泥回转窑等进行示范性应用，不久将用于煤代油电站。

2.3.2.4 先进的燃烧技术

流化床燃烧是当今国际上推广应用较好的新一代洁净、高效的燃烧技术，它适用的煤种广，可利用各种劣质煤，而且能有效地控制污染物的排放，与常规烧粉煤的锅炉相比，SO_2和NO_x可减少50%以上，而且无需烟气脱硫装置。

目前，流化床燃烧在国际上已形成了年产值达数十亿美元的新兴制造业，已建、在建和拟建的循环流化床电站锅炉有200多台，正式运转的锅炉最大出力达500t/h；增压流化床联合循环发电技术已在瑞典、美国、日本和西班牙建成示范厂，效果很好，并正在开发第二代增压流化床联合循环技术。

2.3.2.5 烟道气净化技术

烟道气净化技术是控制现有燃煤锅炉污染排放、改善大气环境的有效方法。20世纪70年代，工业发达国家相继颁布环境法规后，烟道气净化技术得到空前发展，已经形成一个新兴产业。据统计，全世界采用烟气脱硫技术的燃煤机组已达600多套，总装机容量达167GW以上，其中以美国最多，效果也十分明显。烟气脱氮有多种方法被发达国家采用。烟气除尘已广泛采用静电除尘技术，除尘率高达99%。我国电站烟气净化尚处在发展初期。目前，大部分火电站已安装除尘器，平均除尘效率为90%。烟气脱硫也已起步，除引进国外先进技术外，自行研究开发了旋转喷雾吸收干燥脱硫技术、磷氨肥法脱硫等新工艺。但是，NO_x 的控制尚未提到议程上来。

2.3.2.6 煤炭气化技术

煤炭气化是合理利用煤炭资源的主要途径之一，是洁净煤技术的重要内容。煤炭气化技术已相当成熟，可将所有种类的煤转化为各种用途的气体产品，包括城镇民用与工业用燃料气、发电燃料气和化工原料气。国际上有许多种气化技术，目前用于工业生产的主要有3种，即以块煤为原料的加压鲁奇固定床气化法、以粉煤为原料的温克勒流化床气化法、以水煤浆为原料的德士古气流床气化法。此外，正在研究开发多种煤气化新工艺，如鲁奇液态排渣工艺、加压气流床液态排渣两段气化工艺、高温温克勒气化工艺。其目的在于进一步扩大气化煤种，提高处理能力和转换效率，减少污染物排放。这些工艺目前大多处在商业性示范阶段，只有德士古工艺进入工业性应用，现建有5个厂。

我国煤气化技术也有一定基础，而且发展日益加快。中小城市煤制气多采用小炼焦炉子、立箱炉及水煤气两段炉气化工艺，大城市煤制气主要引进鲁奇加压气化工艺设计和关键设备。目前存在的问题是，投资大，成本高，含酚污水多。工业燃料气多采用发生炉及水煤气炉气化工艺，但是热效率低，污染严重。合成原料气开始引进德士古加压气流床技术，气化效率高，生产能力大，煤种适应性强，但设备磨损严重。

2.3.2.7 煤炭液化技术

煤炭液化代替石油在技术上早已成熟，目前的问题主要是经济上不能与廉价石油竞争。随着石油资源的逐渐短缺和液化技术的日臻完善，煤炭液化经济性的问题一旦解决，该技术必将获得颇有前景的发展。

煤炭液化分为直接液化与间接液化。第二次世界大战结束前，德国曾先后建立12个煤加氢液化厂，年产液体燃料达到400万t。战后美、日、德、苏等国继续进行煤炭直接液化技术的研究。20世纪60—70年代，美国开发了溶剂精炼煤法、供氢溶剂法和氢煤法等第二代煤液化工艺，80年代又开发出两段煤直接液化与煤油共炼工艺等第三代液化技术。此外，日本也进行了煤炭直接液化试验。

煤炭间接液化是先将煤炭气化，再以合成气为原料合成液体燃料，这在石油化工中都是比较成熟的技术，易实现工业生产。南非萨索尔公司的3个厂，采用鲁奇气化炉和F-T合成技术，年产液体燃料和化学品4Mt，耗煤27Mt，是当今世界上最大的商业性煤液化厂。美国已经建成900t/h的煤制甲醇厂。德国的甲醇-汽油中试厂日产甲醇100桶，转化成高辛烷值汽油。煤间接液化与直接液化相比，系统的热效率低，因而影响了经济性。

2.3.2.8　煤层气开发利用技术

煤层气是以吸附、游离状态赋存于煤层及其围岩中的以甲烷为主的天然气。煤层甲烷随煤炭的开采涌入矿井，对煤矿安全生产造成严重威胁。煤层甲烷排入大气成为一种强烈的温室效应气体，并能破坏臭氧层。甲烷是仅次于CO_2占第二位的温室气体，其寿命短，对温室效应影响迅速。但另一方面，煤层甲烷又是一种优质、高效、洁净的能源，燃烧时无SO_2气体和烟尘排放，产生的CO_2气体少，其热值达33494~37681J/m^3。按热值计约1000m^3甲烷相当于1t标准煤，又由于烧甲烷比烧煤热效率高，因此，实际上250m^3甲烷就可顶替1t标准煤。煤层气资源十分丰富，其合理开发利用问题已引起发达国家的重视。美国从20世纪50年代起就进行开发，到1992年底共施工了18000多孔煤层气井，主要集中在圣胡安和黑勇士两个盆地，1992年煤层气生产量达134亿m^3，并且已形成一个新的工业门类——煤层甲烷工业。此外，澳大利亚等国也在积极开发煤层气。

我国蕴藏丰富的煤层气资源，初步测算，埋深2000m以浅的资源量达30万亿~35万亿m^3。我国每年因采煤而释放的瓦斯量近60亿m^3，占全国甲烷释放总量的29%，占世界煤层甲烷释放量的30%，对环境造成严重污染。对于煤矿瓦斯灾害问题，我国历来十分重视，采用多种防治措施加以解决。从20世纪50年代，我国就开始煤矿瓦斯抽放的研究试验工作，目前已有近百个矿井进行瓦斯抽放，年抽放量4亿m^3以上。但是，把煤层甲烷作为一种高效洁净的一次能源加以开发和利用，我国还处在起步阶段。

2.3.2.9　煤矿环境治理技术

煤矿环境治理是煤炭洁净开发和利用的重要方面，发达国家对煤矿环境十分重视，已普遍达到各自国家环境法规规定的标准。我国煤矿环境形势比较严峻，主要表现在以下5个方面。

(1) 煤炭开采对土地资源的破坏；

(2) 煤炭开采对水资源的破坏和污染；

(3) 煤炭开采产生的废渣与废水污染；

(4) 煤炭开采排放甲烷、二氧化碳对大气的污染；

(5) 煤矿的噪声污染。

煤炭开采对土地资源的破坏主要表现在煤炭开采后地表的沉陷。我国对地表沉陷的控制主要是通过对沉陷区的开发利用和综合治理实现的。

我国矿井水的特点是排放量大，但毒性一般较小或无毒性，多呈中性。矿井水中污染物以悬浮物（泥沙和煤粉）为主，有的煤矿因开采高硫煤层而导致矿井水呈酸性。酸性矿井水危害性较大，是煤矿水污染的一个主要问题。我国经过多年的研究和实践，取得了很多经验，提出了不少处理方法和工艺。酸性矿井水一般均以酸碱中和处理为基础。根据操作方法不同，处理方法可分为中和法、微生物法、人工湿地法等。

在煤炭开采和洗选加工过程中，要排出大量的煤矸石，排出量约为原煤产量的10%～20%。全国每年煤矸石排放量在2亿t以上，历年积存量已达16亿t以上。由于排放量大，影响面广，已引起人们的普遍关注。煤矸石对环境的影响首先表现为侵占土地，破坏自然景观。普通矸石可用于充填塌陷区，实施复垦造田工程。此外，还应大力开展煤矸石的综合利用，目前，煤矸石综合利用主要集中在制砖方面，全国已建有矸石砖厂200余座，年生产能力16亿块以上。

煤炭在开采中释放的甲烷（又称煤层瓦斯或煤层气）与二氧化碳、氯氟烷烃等气体在大气层中产生温室效应。甲烷虽是仅次于二氧化碳占第二位的温室气体，但其效能比二氧化碳大20～60倍。甲烷是一种短寿命的气体，在大气中滞留的时间只有8～12年，而二氧化碳则超过200年，所以与甲烷有关的气候变暖是在其释放后几十年内完成的，而二氧化碳则在几百年内逐渐显现。大气中甲烷浓度的增加，导致平流层中臭氧的减少，使辐射到地球上的紫外线增加，诱发皮肤癌，使皮肤晒黑而老化，引起眼疾、雪盲等。

煤矿是强噪声集中的企业，根据噪声产生的地点不同，可分为井下噪声源和地面噪声源。煤矿井下噪声主要来自凿岩、放炮、采煤、通风、运输、提升、排水等所用的各种机电设备。由于井下作业空间狭窄，反射面大，容易形成混响声，致使同一机电设备井下作业噪声比地面高5～6dB(A)。煤矿地面噪声主要来自一些大型固定设备，如抽风机、空压机、主副井绞车等，其噪声强度高，危害较大。我国的煤矿噪声控制工作起步较晚，但迄今也取得了一定的成绩，研制了多种类型的消声器和消声、吸声、减振材料，对强噪声源普遍进行了综合治理。

第3章　选煤和配煤

3.1　选煤的分类及意义

3.1.1　选煤方法的分类

煤炭洗选是利用煤和杂质（矸石）的物理、化学性质差异，通过物理、化学或微生物分选的方法使煤和杂质有效分离，并加工成质量均匀、用途不同的煤炭产品的一种加工技术。按选煤方法的不同，可分为物理选煤、物理化学选煤、化学选煤及微生物选煤等。

物理选煤是根据煤炭和杂质物理性质（如粒度、密度、硬度、磁性及电性等）上的差异进行分选，主要的物理分选方法有：①重力选煤，包括跳汰选煤、重介质选煤、斜槽选煤、摇床选煤、风力选煤等；②电磁选煤，利用煤和杂质的电磁性能差异进行分选，这种方法在选煤实际生产中没有应用。

物理化学选煤即浮游选煤（简称浮选），是依据矿物表面物理化学性质的差别进行分选，目前使用的浮选设备很多，主要包括机械搅拌式浮选和无机械搅拌式浮选两种。

化学选煤是借助化学反应使煤中有用成分富集，除去杂质和有害成分的工艺过程。目前在实验室常用的化学选煤方法是脱硫。根据常用化学药剂种类和反应原理的不同，可分为碱处理、氧化法和溶剂萃取法等。

微生物选煤是直接或间接地利用某些自养型和异养型微生物的代谢产物从煤中溶浸硫，达到脱硫目的。

物理选煤和物理化学选煤技术是实际选煤生产中常用的技术，一般可有效脱除煤中无机硫（黄铁矿硫），化学选煤和微生物选煤还可脱除煤中的有机硫。目前工业化生产中常用的选煤方法为跳汰选煤、重介质选煤、浮选等，此外干法选煤近几年发展也很快。

一般来说，选煤厂由以下主要工艺组成。

（1）原煤准备：包括原煤的接受、储存、破碎和筛分。

（2）原煤的分选：目前国内的主要分选工艺包括跳汰-浮选联合流程、重介-浮选联合流程、跳汰-重介-浮选联合流程、块煤重介-末煤重介旋流器分选流程、单跳汰和单重介流程。

（3）产品脱水：包括块煤和末煤的脱水、浮选精煤脱水以及煤泥脱水。

（4）产品干燥：利用热能对煤进行干燥，一般在比较严寒的地区采用。

（5）煤泥水的处理。

选煤工艺流程如图3-1所示。

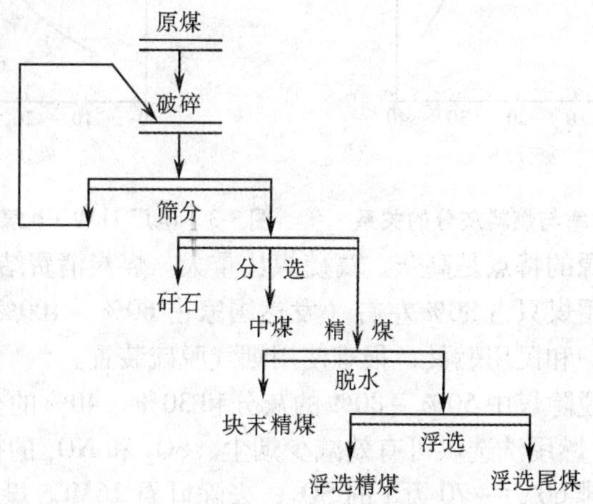

图3-1 选煤工艺流程

3.1.2 煤炭洗选的作用

煤炭洗选是国际上公认的实现煤炭高效、洁净利用的首选方案，是发展洁净煤技术的主要内容之一。加快发展先进的选煤技术，实现深度降灰脱硫，也是世界各国竞相发展的洁净煤技术。选煤是进行煤炭加工，将煤炭转化为洁净燃料或原料的必不可少的基础和重要环节。

中国是一个富煤国家，煤炭产量居世界首位。煤炭在一次能源消费结构中占75%，并且是重要的化工原料。煤炭质量好坏对能源利用效率和环保影响很大。煤炭洗选有以下4方面作用。

3.1.2.1 提高煤炭质量，减少污染

随着采煤机械化程度的提高和煤层赋存条件变坏，煤质量逐渐下降，如矸石量增多，灰分增高，粉煤和末煤含量增加，水分和硫分提高。原煤不洗选加工，就不能满足用户的要求。中国1990年统配煤矿采煤机械化程度已达65%。采煤机械化程度越高，原煤中的矸石含量就越多。原煤经洗选后，可以降低煤炭灰分，从而降低煤耗，相对提高锅炉的效率。锅炉总效率与燃料灰分的关系如图3-2所示，电厂1kW·h煤耗与灰分的关系如图3-3所示。

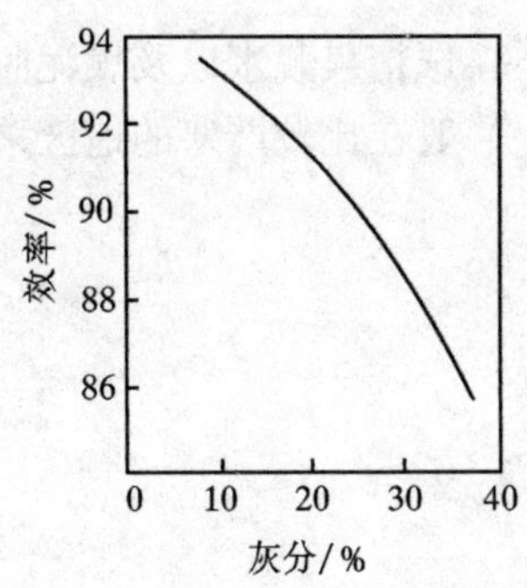

图 3-2　锅炉总效率与燃料灰分的关系

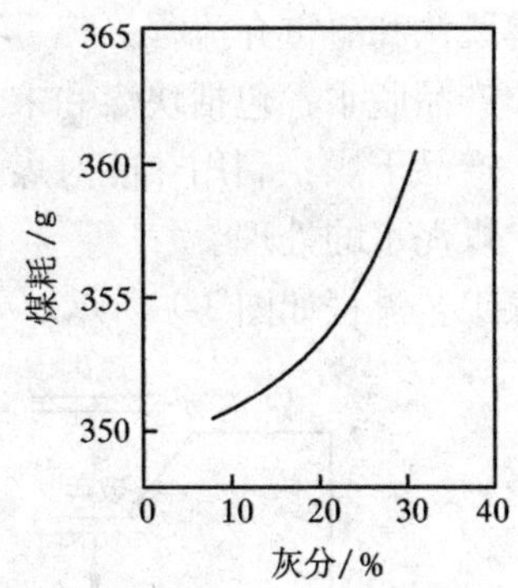

图 3-3　电厂 1kW·h 煤耗与灰分的关系

我国煤炭资源的特点是高灰、高硫煤比重大。煤炭消费结构与发达国家有很大差距，发电用煤只占 30% 左右（发达国家占 60% ~100%），众多型式各异的中、小型锅炉和民用燃具，很难使用烟气脱硫装置。

煤炭洗选可脱除煤中 50% ~80% 的灰分和 30% ~40% 的全硫（或 60% ~80% 的无机硫），燃用洗选煤可有效减少烟尘、SO_2 和 NO_x 的排放，入洗1 亿 t 动力煤一般可减排 60 万 ~70 万 t 的 SO_2，去除矸石 16Mt。煤炭洗选加工费用低，成本仅为烟气洗涤脱硫的 1/10。因此，要大力提倡动力煤分选和提高高硫煤的入选率，以达到 SO_2 总量控制和增加环境容量的目标。

西方国家对煤焦精煤的灰分要求是 5% ~8%。美国规定电站不准使用硫分超过 1% 的动力煤。因此，无论是炼焦煤还是动力煤，都必须进行洗选或筛分。

中国由于燃用大量未经洗选的动力煤，燃煤造成的污染特别严重，大气环境质量很差，特别是城市。

随着工业生产的发展及燃煤量的增加，烟尘和 SO_2 的排放量将进一步加大，大气污染问题更加突出。煤炭洗选可以降低煤炭的灰分、硫分、烟尘和 SO_2 排放量。

3. 1. 2. 2　提高煤炭利用效率，节约能源

煤炭质量提高，将显著提高煤炭利用效率。一些研究表明：炼焦煤的灰分降低 1%，炼铁的焦炭耗量降低 2. 66%，炼铁高炉的利用系数可提高 3. 99%。合成氨生产使用洗选的无烟煤可节煤 20%。发电用煤灰分每增加 1%，发热量下降 200 ~360J/g，每千瓦时电的标准煤耗增加 2 ~5g。工业锅炉和窑炉燃用洗选煤，热效率可提高 3% ~8%。

3. 1. 2. 3　优化产品结构，提高产品竞争能力

发展煤炭洗选有利于煤炭产品由单结构、低质量向多品种、高质量转变，

实现产品的优质化。我国煤炭消费的用户种类多，对煤炭质量和品种的要求不断提高。有些城市，要求煤炭硫分小于0.5%，灰分小于10%，若不发展选煤便无法满足市场需求。

国际上多数产煤国家都建设动力煤选煤厂来提高煤炭质量，满足出口要求，提高煤炭在国际市场的竞争力和创汇率，波兰、澳大利亚、美国、南非都如此。中国每年出口动力煤13～14Mt，由于多数未经过洗选加工，煤的灰分高，矸石、杂物含量多，质量不稳定，常常达不到出口煤的质量要求，不但影响售价，而且造成极坏的影响。如果经过洗选加工，可增加吨煤售价5～7美元，每年增收6000万～9000万美元。加强出口煤的洗选，提高质量是提高出口煤竞争能力和创汇率的重要途径。

3.1.2.4 减少运力浪费

由于我国的产煤区多远离用煤多的经济发达地区，因而煤炭的运量大，运距长，平均运距约为600km。煤炭是中国运量最大、平均运距最长的大宗商品，约占铁路运量的40%，公路货运量的25%及水运量的20%。煤炭经过洗选，可去除大量杂质，每入洗100Mt原煤，可节省运力9.6Gt·km。

我国每年铁路运煤约560Mt，其中400Mt未经过洗选，约60Mt矸石从煤矿运到用户。平均运距约500km，占用运力约30Gt·km，占用货车120万辆，给交通带来沉重的压力。不仅加剧铁路运输的紧张状况，也制约了煤炭生产的发展。由于铁路运力不足，煤矿大量存煤，引起煤炭自燃、流失，每年损失煤炭约数百万吨，经济损失很大。

3.2 湿法选煤

湿法选煤主要包括跳汰选煤、重介质选煤和浮游选煤。据2005年有关统计，在我国选煤方法中，湿式选煤方法约占94%，吨煤用水量在2.5m^{3}左右。

3.2.1 跳汰选煤

跳汰选煤指物料在垂直脉动为主的介质中，按其物理-力学性质（主要是按密度）实现分层的重力选煤方法。物料在固定运动的筛面上连续进行跳汰的过程中，由于冲水、顶水和床层水平流动的综合作用，在垂直和水平流的合力作用下分选。

入料的粒度组成、密度组成、跳汰制度、排料制度和选煤工艺流程等对跳汰分选过程都具有不同程度的影响。分选介质简称介质，指在分选过程中，借以实现分层的流体物质。跳汰按介质的特性可分为干法和湿法两种方法。广泛用于选煤过程的是水力跳汰。传统的风力跳汰只适用于块煤，而且分选效果较差，仅用于缺水、高寒地区。

跳汰选煤法广泛用于分选可选性难（或易）以及粒度组成宽（或窄）的各类煤种。影响其分选效果的因素有原煤性质、工艺流程、设备性能和操作水平等。因此，跳汰选煤的分选效率和处理能力变化较大。在其他条件相同时，主要决定于入料的密度组成和粒度组成。

目前，跳汰选煤在各主要产煤国家中，仍占主导地位，发展较快的是筛侧空气室跳汰机和筛下空气室跳汰机。

动筛跳汰机是跳汰技术的原始机型，长期以来未能获得推广应用。目前已用现代化技术开发出新产品，可用它代替人工手选排矸和选块煤，粒度上限达300mm，处理能力大、洗选效果好、耗水量少，拓宽了跳汰选煤的应用范围。跳汰选煤对不同煤质具有广泛的适应性，且具有系统简单可靠、生产成本低、分选效果好等优点，长期以来一直被作为主要的选煤方法。近年来，随着新技术的研究和应用，跳汰选煤设备也有了长足的发展，主要表现在跳汰机的结构更为科学合理，自动化水平日趋完善，分选效果进一步提高。如今的跳汰机已从过去的机械化发展到了自动化和智能化，更加满足工艺要求，跳汰选煤的数量、效率也更贴近理论值。

3.2.1.1　国内外跳汰选煤技术的发展

根据记载，在16世纪中叶，“跳汰”技术主要应用于欧洲的选矿业，直到1850年前后，“跳汰”技术才广泛用于选煤行业。1892年，具有划时代意义的鲍姆跳汰机问世，使跳汰技术逐步得到改进与完善，出现了各种空气脉动跳汰机。

按空气室位置的不同，空气脉动跳汰机可分为筛侧空气室跳汰机和筛下空气室跳汰机。为降低跳汰机的分选下限，提高细粒煤分选效果，一些国家还研制了复振跳汰机和离心跳汰机。美国、英国、德国以及澳大利亚正在研究离心跳汰机。目前正在使用的还有动筛式跳汰机，包括液压驱动式动筛跳汰机和机械驱动式动筛跳汰机。最先研制出液压驱动式动筛跳汰机的是KHD公司，用于处理80~250mm粒级毛煤。1984年，KHD公司又研制出了ROMJIG型动筛跳汰机，该机可分选50~400mm的大块物料，处理能力达到400t/h。目前，该机已在我国及其他国家得到了应用。煤炭科学研究院唐山分院在1989年成功研制了我国第一台TDD2.5型液压驱动式动筛跳汰机。随后又在1991年、1995年和1998年先后研制出TD14/2.8，TD16/3.2和TD18/3.6动筛跳汰机，可分选50~300mm的物料，处理能力达到250t/h，工艺指标已达到国际先进水平，其价格仅相当于引进动筛跳汰机的1/10，但在可靠性方面不如引进的动筛跳汰机。沈阳煤炭研究所在消化吸收液压驱动式动筛跳汰机基础上又开发了机械驱动式动筛跳汰机，其优点在于机械和电控系统简单、造价较低、易于维护，但处理能力、入料粒度范围以及分选精度均不及液压驱动式跳汰机。

3.2.1.2 跳汰机分类

目前跳汰机大致可分为三大类：一是活塞式，跳汰机活塞室中活塞的往复运动引起水的运动；二是动筛式，将有煤层的跳汰箱在静止水中上下运动；三是无活塞式（空气脉动式），主要是将机体制成“U”形，通过对“U”形的封闭端压入或放出压缩空气而引起水的往复运动。这三种设备中最常用的是无活塞式跳汰机。

3.2.2 重介质选煤

3.2.2.1 基本原理

重介质选煤是用密度介于煤与矸石之间的重液或悬浮液作为分选介质的选煤方法。重介质选煤的基本原理是阿基米得原理，即浸没在液体中的颗粒所受到的浮力等于颗粒所排开的同体积的液体的重力。因此，如果颗粒的密度大于悬浮液密度，则颗粒下沉；小于悬浮液密度，颗粒上浮；两者相等时，颗粒处于悬浮状态。当颗粒在悬浮液中运动时，除受重力和浮力作用外，还将受到悬浮液的阻力作用。颗粒最初相对悬浮液做加速运动，最终将以一定的速度相对悬浮液运动。颗粒密度越大，相对末速越大、分选速度越快、分选效率越高。可见重介质选煤是严格按密度分选的，此外，颗粒粒度和形状也影响分选的速度。

目前国内外普遍采用磁铁矿粉与水配制的悬浮液作为选煤的分选介质。重介质选煤具有分选效率高、分选密度调节范围宽、适用性强、分选料度宽的优点。重介质选煤主要应用于排矸、分选难选和极难选煤。

重介质选煤的设备叫做重介质分选机，我国常用的分选机有3种。

（1）斜轮重介质分选机；

（2）立轮重介质分选机；

（3）重介质旋流器。

重介质分选机可根据工作原理分为两类：一类是在重力场中进行分选的设备，通常称为重介质分选机，主要分选块煤；另一类是在离心场中进行分选的设备，通常称为重介质旋流器，主要分选末煤。用离心力强化重力分选末煤的水力旋流器，又称为自生重介质旋流器，其所加重质不是磁铁矿粉或矸石粉，而是分选用煤。水力旋流器的出现为重介质选煤的发展开辟了一个新的领域。

1945年，荷兰首先提出重介质旋流器分选末煤的方法，并创制了DSM重介质旋流器，此种利用离心力强化重力分选过程的高效选煤设备，在全世界得到了推广应用，并出现了多种结构的旋流器。

20世纪50年代初，重介质选煤技术已日趋完善。随着采煤机械化的发展，含矸量增加，用户对精煤质量的要求却日益提高。世界主要产煤国家如前联邦德国、前苏联、英国、法国、美国、波兰等，分选精度高的重介质选煤技术发展迅速，重介质选煤比重迅速提高，仅次于跳汰选煤，个别国家如印度、南非、澳大利亚已超过了跳汰选煤的比重，高达60%以上。

3.2.2.2 重介质选煤优点

重介质选煤效率高，分选精度高，在国内外选煤工艺中所占比例越来越高，一般难选与极难选煤均采用此工艺。我国近几年研究成功了大于13mm块煤分选工艺，小于13mm两产品、三产品重介质旋流器末煤分选工艺及入选上限80mm的全粒级三产品重介质旋流器分选工艺。这些工艺满足了我国不同煤种、不同粒级高硫难选煤洗选的需要，尤其适用于动力煤末煤洗选，有利于脱除黄铁矿硫。

3.2.3 浮游选煤

3.2.3.1 浮游选煤原理

浮游选煤简称浮选，它是根据煤和矿物杂质表面润湿性的差别，在浮选药剂的作用下，分选细粒（小于0.5mm）煤的一种选煤方法。随着机械化采煤的发展，细粒煤产量越来越大。在选煤过程中，各种破碎作用也会产生一些煤泥。重力选煤对细粒煤很难得到有效分选，而浮选是细粒和极细粒物料分选中应用最广泛的方法。

浮游选煤是在气-液-固三相体系中进行的一种物理化学分选过程。煤的表面呈疏水性，矿物杂质表面多呈亲水性，因此，疏水的煤粒容易和分散在水中的微小油珠及气泡发生附着，形成矿化气泡。这种矿化气泡升浮到水面，积聚成矿化泡沫层，经刮出脱水后即为精煤。亲水的矿粒下沉，留于水中作为尾矿排出。

煤炭浮选过程中的固相是煤基体与其中的非可燃矿物颗粒。浮选过程中的液相不仅是浮选进行的场所，而且还是浮选药剂与矿粒相互作用的介质。主要的液相是水，其次是烃类液体。浮选过程中的气相主要是空气，它有两方面作用：其一，气泡可随矿粒运移到泡沫层中；其二，存在于气泡中的氧气与二氧化碳等气体能与矿物作用并溶解于水中，在许多情况下可对浮选过程产生重要影响。

3.2.3.2 浮选药剂

为了扩大煤和矸石表面性质的差异，必须使用浮选药剂，以增强煤表面的疏水性，增加气泡的稳定性和分散度。在浮游选煤中，向矿浆加入的各种化学药剂，统称为浮选药剂。按其用途分为以下3种。

(1) 起泡剂。在浮游选煤过程中，加入起泡剂，能促使空气在矿浆中形成大量泡沫，能适当延长气泡在矿浆表面的存留时间，并有效阻止气泡的兼并和气泡的破裂。常用的天然起泡剂是萜类化合物，如松油、松油醇、樟脑油与桉树油。

天然起泡剂来源少，因而其应用受到限制，所以人们逐渐将目光转向使用人工合成起泡剂，如醇类、醚类等。尤其是醇类起泡剂对煤有良好的起泡性能和捕集性能，因而已被广泛应用于煤泥浮选和煤的精选。

(2) 捕收剂。主要在固-液界面上发生作用，能选择性地吸附在煤粒表面，可以改变矿粒表面的疏水性和可浮性（煤的可浮性是指在一定精煤量的前提下，所选煤浮选的难易程度），使之易于和气泡发生附着并增强附着的牢固性。常用的捕收剂有非极性捕收剂、阴离子捕收剂和阳离子捕收剂等。

在浮游选煤中通常采用非极性烃类化合物如煤油、柴油（使用最多）等作为捕收剂。一般是，高阶煤浮选多用煤油，低阶煤浮选多用轻柴油。

此外，有时也用太阳油作捕收剂。太阳油沸点高于煤油，是一种石油馏分，凝固点20~40℃，相对密度约0.9，含少量酚，萘质量分数约2%~3%。太阳油对煤具有较高的浮选活性，受温度影响不大，氧化后起泡能力更强。

(3) 调整剂。主要包括介质调整剂、抑制剂和活化剂等。

常用的调整剂有介质的pH值调整剂与非目标矿粒抑制剂等。前者常用的有石灰、碳酸钠与草木灰等；石灰还可有效抑制黄铁矿。常用的酸性调整剂有硫酸、盐酸等。

常用的抑制剂有无机抑制剂和有机抑制剂。常用的无机抑制剂有水玻璃（硅酸钠）和六聚偏磷酸钠（$(NaPO_3)_6$）。

需要说明的是，在浮游选煤过程中，使用两种或两种以上混合药剂常常会收到意想不到的效果。

3.2.3.3 浮选优点

浮选不仅是炼焦煤选煤厂而且是动力煤选煤厂工艺流程的重要部分。浮选可回收大量优质细粒精煤，可净化选煤用循环水，提高其他工艺环节的效果，是实现洗水闭路循环、防止环境污染的重要工艺，是迄今为止分选微细颗粒煤的主要手段。浮选成本比其他选煤方法高一些，但仍是今后大力推广应用的重要方法。

目前国内外正在开展微泡浮选的研究，以期进一步提高浮选效率，特别是极细粒煤（ <0.1mm）的浮选效率，以满足洁净煤技术的需要。

浮游选煤是回收细粒煤的有效手段，它利用煤和矸石表面亲水性的差异，在捕收剂和起泡剂的作用下，达到浮选分离的目的。但浮选精煤的灰分普遍高于重介质选煤精煤2% ~4%，完善细粒煤的分选在未来一段时间内仍是选煤技术的重要研究课题之一，这对减少环境污染、提高经济效益都有重要意义。

3.3 干法选煤

3.3.1 干法选煤优点

跳汰、重介质、浮游选煤一般都要用大量的水作为介质，属于湿法选煤。与湿法选煤相比，干法选煤的优点显而易见。由于没有产品脱水和煤泥处理等一系列复杂过程而使工艺大为简化，从而节省了基本投资和生产成本，特别适合干旱缺水与高寒地区。在干法选煤中最具代表性的是风力摇床和风力跳汰。

我国大部分矿区缺水，尤其我国煤炭资源丰富的西部大部分地区缺水，制约了选煤加工的发展。现在我国正在大力开发西部煤田，尤其是神府-东胜低灰低硫动力煤煤田。对开采出来的煤炭，若采用湿法选煤，存在以下问题：①煤的内在水分高，易泥化。若用湿法选煤，由于缺水，技术经济不合理；②精煤冬季冻结，装、卸困难。只有用干法选煤合理可行。

3.3.2 干法选煤分类

3.3.2.1 传统风力选煤

风力选煤，简称风选，是利用空气作分选介质的重力选煤方法。风选利用气流与机械振动使物料按密度及颗粒在分选床上松散与分层，然后所形成的各层向不同的方向移动，形成不同密度及颗粒的原煤分类。

风选是按照不同密度的颗粒在连续给入的上升气流内发生重力分选规律进行的。空气介质的密度很低，约为 1.23kg/m^3。密度为 ρ_w 的原煤固体在密度为 ρ_k 的空气介质中下落的加速度 $a = g(\rho_w - \rho_k)/\rho_w = 9.81\text{m/s}^2$，约等于自由落体加速度。如果物料直径为 d(m)且密度为 ρ_w(kg/m^3)，其在空气介质中下落的最终速度 v_0(m/s)为

$$v_0 = \mu \sqrt{d(\rho_w - \rho_k)/\rho_k} \approx \mu \sqrt{d\rho_w/\rho_k} \qquad (3\text{-}1)$$

式中，μ 表示颗粒的阻力系数，$\mu = 5 \sim 5.5\mathrm{m}^{1/2}/\mathrm{s}$。

物体下落的最终速度取决于物料的直径及密度。因此，当密度相等时，颗粒可以按大小进行分级。当直径相等时，颗粒可以按密度进行分选。

式（3-2）是直径为 d_1 和 d_2，密度为 ρ_1 和 ρ_2 的两种颗粒在密度为 ρ_0 的介质下等速下落的条件。

$$\frac{d_1}{d_2} = \frac{\rho_2 - \rho_0}{\rho_1 - \rho_0} \qquad (3\text{-}2)$$

基于以上理论，为了达到高效分选，大块煤与小块矸石的直径之比不能超过等速下落的直径之比，即分级比不能超过等速下落系数。

但是在风选机中，由于上升气流向上吹起较细颗粒，创造了一种密度比空气要大得多的人工介质，即加大了 ρ_0 的密度，从而使分级比加大，当 ρ_0 接近于 ρ_1 时，分级比最大。所以适当调整风量在物料粒度级差较大的情况下也能够达到物料按密度分选。

3.3.2.2 复合式干法选煤技术

复合式干法选煤技术是我国煤炭加工与综合利用领域的一项创新，它是以空气和粉煤为介质，以空气流和机械振动为动力，使物料松散，按物料密度分选的选煤方法，主要用于排除各种煤炭中的矸石杂质、提高褐煤等易泥化煤及劣质煤分选精度、脱除高硫煤中硫铁矿等。

（1）复合式干法选煤机理。以 FGX 型复合式风力干选机为例，来说明复合式干法选煤机理。FGX 型复合式风力干选机结构示意图如图3-4 所示，给料机把物料送入纵向和横向坡度可调节的分选床。分选床由带鼓风的床面，反复推送物料的背板，可产生螺旋运动的格条和控制产品质量的格板组成。直线对称振动电机带动分选床振动。由于床面呈一定的角度，其上面装有格条，使物料向背板方向旋转，做螺旋式运动。随床面宽度减缩，上层物料依次密度由小到大逐次排出。密度小的为精煤，密度大的为矸石。

（2）复合式干法选煤的特点。复合式干法选煤突破了国内外传统风力选煤的模式，创造出一种分选原理独特的新型干法选煤工艺。与传统风选相比，主要区别与创新如下。

① 复合式干选机采用入选原煤中所含细粒煤（自生介质）与空气组成气固两相混合分选介质，而不是单以空气作分选介质，因此分选物料粒度范围宽，可达到0～80mm，而传统风选只能分选较窄粒级。

② 复合式干法选煤可用常规重力选煤指标衡量其分选效果，且其各项指

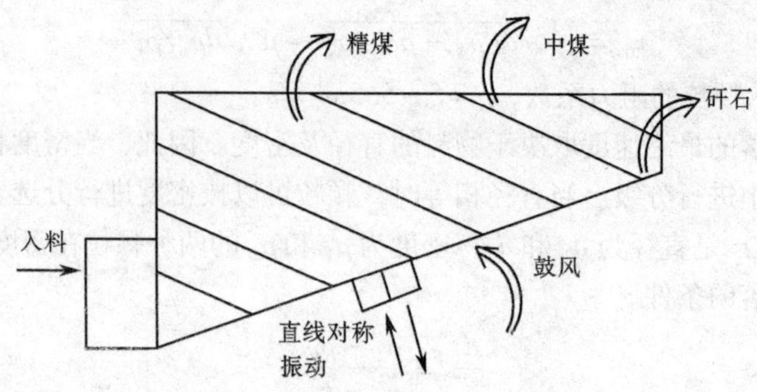

图 3-4 FGX 型复合式风力干选机结构示意图

标大大优于传统风选。

③ 复合式干选机采用机械振动使物料做螺旋运动，在多次循环过程中，分选物料受到多次分选，可以生产出灰分由低到高的多种产品，中煤再选可保证精煤和矸石的质量。

④ 复合式干选机所需风量仅用于松散床层与细粒煤组成混合介质，不需要将物料悬浮，风量仅为传统风选的 1/3，因而除尘系统的规模大大减小。

⑤ 复合式干法分选机充分利用高密度颗粒相互作用产生的浮力效应，可以提高排出矸石的纯度，降低排出矸石的粒度。

(3) 复合式干法选煤的优点。

① 投资少。不用水，工艺简单，设备少，不需要建厂房。全套 FGX-6A 型复合式干法选煤系统（60t/h）设备投资仅 50 多万元。

② 生产成本低，劳动生产率高。吨原煤加工费仅 2 元，在所有选煤方法中生产成本最低。由于用工少，劳动生产率可达 50～80t/工。

③ 商品煤回收率高。与水洗相比，干选不产生煤泥水，不仅有效回收细粒级煤，除尘系统收集的煤尘也可回收。

④ 选后商品煤水分低。干法选煤不仅不增加产品水分，还有一定脱水作用，从而减少了水分对发热量的影响。

⑤ 可出多种灰分不同的产品。有利于经营者在满足商品煤用户的条件下取得最大经济效益。

⑥ 适应性强。主要表现在入料粒度范围宽；对各煤种排矸均能适应；对入选原煤水分要求不严；用风量少；除尘效果好；占地面积小；建设周期短，投产快，运转平稳，操作简单，维修量小。

(4) 复合式干法选煤适用范围宽。复合式干法选煤可用于动力煤、褐煤、劣质煤、易选煤的分选，还可用于高硫煤脱除粒状、块状黄铁矿硫，对于分选粒度下限 13，25mm 的动力煤选煤厂，可作为末煤分选配套、补充、完善的加工方法。

（5）发展复合式干法选煤的作用。

① 我国煤炭资源丰富，而占全国78%的煤炭资源蕴藏在干旱缺水的西部地区。水资源缺乏已成为西部煤炭开发和加工的制约因素。复合式干法选煤技术为我国能源基地战略西移提供了一条新的煤炭加工的技术途径。

② 我国煤炭产品结构单一。2000年全国原煤入选比例平均38.5%左右，动力煤入选比例仅为14.6%。动力煤质量必须不断提高才能满足市场要求。复合式干法选煤作为动力煤排矸的有效分选技术，以其独有的特点满足我国煤炭企业的要求而得到迅速推广应用，而且成为提高我国动力煤入选比例的一种切实可行的方法。

③ 复合式干法选煤解决了易泥化煤的分选加工问题。同时，解决了严寒地区煤炭洗选带来的产品冻结问题。

④ 复合式干法选煤突破了传统风力选煤的模式，使濒临淘汰的风力选煤技术获得新的发展，推动了科学技术进步。

复合式干法分选机已被列入“中国最新高精专利技术2000项”，获“全国专利科技成果精品城”金奖，获1998年煤炭工业科技进步奖，获第十届“中国新技术新产品博览会”金奖，获首届“河北省优秀发明奖”，并被确定为2001年国家重点环保实用技术。目前这一技术已在全国20多个省、市、自治区100多个煤炭企业推广应用，取得了较好的经济效益和社会效益。

3.4　其他选煤法

3.4.1　化学选煤法（化学脱硫）

化学选煤是借助化学反应使煤中有用成分富集，除去杂质和有害成分的工艺过程。目前在实验室常用化学选煤方法脱硫。根据常用的化学药剂种类和反应原理的不同，化学选煤法可分为碱处理、氧化法和溶剂萃取等三类。化学法可以脱除煤中大部分有机硫，这是物理方法无法做到的，但是目前还处于研究阶段。目前正在开发的化学脱硫方法有几十种，下面只介绍几种国内外正在研究开发的主要方法。

3.4.1.1　熔融苛性碱浸提脱硫法

这种方法是将煤破碎至一定粒度，与苛性碱（KOH/NaOH）按一定比例混合，在惰性气氛下将煤碱混合物加热到一定温度（200～400℃），使苛性碱熔融，与煤中含硫化合物（包括黄铁矿、元素硫及有机硫化合物）起化学反应，将煤中硫转化为可溶性的碱金属硫化物或硫酸盐，然后通过稀酸溶液和水洗除去这些可溶性硫化物和硫酸盐，达到脱硫的目的。

3.4.1.2 化学氧化脱硫法

该法是利用化学氧化剂和煤在一定的条件下进行反应，将煤中硫分转化为可溶于酸或水的组分，这类基于氧化反应的脱硫方法称为化学氧化脱硫技术。

3.4.1.3 溶剂萃取脱硫法

该法是将煤与有机溶剂按一定比例混合，在惰性气氛保护下加热、加压（或常压）处理，利用有机溶剂分子与煤中含硫官能团之间的物理、化学作用，将煤中硫抽提出来。

3.4.2 微生物选煤法

微生物选煤是用某些自养型和异养型微生物，直接或间接地利用其代谢产物从煤中溶浸硫，达到脱硫的目的。研究结果充分证明了微生物脱硫技术的可行性和脱硫效率。目前微生物选煤对黄铁矿的脱硫率可达 90%，对有机硫脱除率可以达到 40%。

煤中硫的形态分布大致为：约 60% ~70% 为黄铁矿硫，30% ~40% 属于有机硫，硫酸盐硫含量极少且易洗脱。就黄铁矿硫而言，物理洗选只能除去其中一部分，而且伴有煤粉损失；对于煤中有机硫，物理方法则根本无法去除。而燃前微生物脱硫技术由于具有能耗少，投资省，运转成本低，不造成煤粉损失且可减少灰分、减少环境污染等优点，具有广阔的前景。

目前，常用的生物脱硫方法有生物浸出法和微生物表面氧化法。

3.4.2.1 生物浸出法（细菌浸出法）

该法就是利用微生物的氧化作用将黄铁矿氧化分解成铁离子和硫酸，硫酸溶于水后将其从煤炭中排除的一种脱硫方法。该法研究历史较长，技术较成熟。优点是装置简单、经济、不受场地限制、处理量大等。由于是将煤中硫直接代谢转化，当采用合适的微生物时，还能同时处理无机硫和有机硫，理论上有很大应用价值。其缺点是处理时间较长，一般需要数周；浸出的废液容易造成二次污染。

3.4.2.2 微生物表面处理法

微生物表面处理法即表面改性浮选法。这是一种将微生物技术与选煤技术结合在一起的微生物浮选脱硫技术。该法将微生物气泡吹入细小煤颗粒与水混合而成的悬浮液中，由于微生物附着在黄铁矿表面，使黄铁矿表面由疏水性变成亲水性，而微生物难以附着在煤粒表面，所以煤表面仍保持疏水性，因而，最终煤粒上浮，黄铁矿则下沉，从而将煤和黄铁矿分离，达到煤炭中脱除黄铁矿的目的。

该法的优点是处理时间短。当采用对黄铁矿有很强专一性的微生物（如氧化亚铁硫杆菌）时，能在数秒钟之后起作用，抑制黄铁矿上浮，整个过程几分钟就完成，脱硫率较高。缺点是煤炭回收率较低。

3.4.2.3 微生物絮凝法

该法是利用一种本身疏水的分歧杆菌的选择性吸附作用，在煤浆中有选择地吸附在煤表面，使煤表面的疏水性增强，结合成絮团，而硫铁矿和其他杂质不吸附细菌，分散在煤浆里，从而达到分离脱硫目的。该法较新，但研究和应用比较少，还有待于进一步研究和推广。

目前，微生物脱硫还仅停留在实验室阶段，但却是当前国际上脱硫研究开发的热点。1947 年，美国人 Colmer 和 Hinkle 发现并证实自养型细菌能够促进氧化并溶解煤炭中存在的黄铁矿，这被认为是生物法选煤的开始。1958 年美国开始了用细菌浸出铜的研究，1966 年加拿大展开了用细菌浸出铀的研究，此项研究取得成功并在工业中得到成功应用后，有 20 多个国家的学者开展了微生物选矿的研究。20 世纪 80 年代，国外开始把微生物脱硫研究工作转向应用性研究和实验，并成立了一些公司。1991 年，意大利在 Eni Chem-Anie 煤矿开展了浸出法微生物脱硫的连续性中试研究，结果发现，在约两周的时间里，可脱除约 90% 的无机硫。该装置的运行为浸出法微生物脱硫获得了大量的参数，标志着煤炭微生物脱硫工作正由实验室走向应用。此外，美国、德国等主要产煤国也对微生物脱硫进行了研究。

在国内，煤炭微生物脱硫研究也获得一定进展。中国科学院生物研究所的研究人员经过多年工作，发现氧化铁硫杆菌在一定浸出实验条件下，对煤炭中黄铁矿硫的去除率达 86.11% ~95.16%。中国科学院微生物研究所相关人员利用 DBT 菌株去除煤中有机硫，可脱除煤中有机硫 22.2% ~32.0%。此外，中国环境科学研究院相关研究人员将煤炭的洗选和煤的微生物脱硫结合起来，在前人研究、实验的基础上，研究出一种适合我国国情的高效低成本的脱硫方法，即浮选法微生物脱硫，它的基本原理是微生物脱硫的表面处理法。可以预见，随着微生物技术的发展，微生物在煤炭脱硫中大有可为。

3.5 动力配煤技术

3.5.1 动力配煤技术及其意义

3.5.1.1 动力配煤技术

中国是以煤炭为主要能源的国家，是目前世界上最大的煤炭生产国和消费国。全国每年用于直接燃烧的动力煤约占煤炭总消费量的80%，其中发电约占32%，工业锅炉、窑炉约占35%，民用及其他占10%以上。由于我国动力煤品种繁杂且质量不均一，供煤质量与锅炉、窑炉用煤要求严重不符，致使我国燃煤效率低、污染严重，改变这一现状的有效技术途径之一是发展动力配煤技术。

动力配煤技术（以煤化学、煤的燃烧动力学和煤质测试等学科和技术为基础）是将不同类别、不同质量的单种煤通过筛选、破碎，按不同比例混合和配入添加剂，改变单种动力用煤的化学组成、物理性质和燃烧特性，使之实现煤质互补、优化产品结构、适应用户燃煤设备对煤质的要求，达到提高燃煤效率和减少污染物排放的技术。动力配煤是可以充分发挥单种煤的煤质优点，克服单种煤的煤质缺点，提供可满足不同燃煤设备要求的煤炭产品的一种简易的成本较低的技术。可以达到提高效率、节约煤炭和减少污染物排放的目的。

3.5.1.2 动力配煤的技术意义

动力配煤技术在我国的研究与应用起步于20世纪80年代，上海、北京、天津、沈阳和南京等十几个大中城市的燃料公司率先建成了动力配煤场（车间）。到90年代初，全国已建成了近200条动力配煤生产线，配煤量已超过2000万t/a，取得了较好的经济效益、社会效益和环境效益。近年来，动力配煤技术在我国发展较快，一些用煤量较大的城市、大的煤炭集散地以及一些煤种较多且煤质复杂的矿区正计划建动力配煤厂。动力配煤技术作为一种比较适合中国国情的洁净煤技术已被列入了煤炭工业洁净煤技术发展规划，这项技术在中国将会有广阔的发展前景。

我国目前约有60多万台工业锅炉和窑炉，它们的热效率普遍较低，这不仅浪费了大量的煤炭，而且也造成了严重的环境污染。决定锅炉热效率的因素主要有三条：①炉型是否先进；②煤质与炉型是否相符；③操作是否得当。我国工业锅炉和窑炉热效率低，这三个方面的原因都存在。但其中主要原因是实际供应的煤质与锅炉设计的煤质不相符。事实上，任何类型的锅炉和窑炉对煤质均有一定的要求，在现有条件下，要提高锅炉热效率，就要保证锅炉正常高效运行，为此必须使燃煤特性与锅炉设计参数相匹配。煤质过高或过低都难以达到最佳效果。煤质过高，属“良材劣用”，既浪费了资源又增加了用户的生产成本，煤质过低，锅炉难以正常运行，而采用动力配煤技术则可以通过优化配方，取其所长，避其所短，做到物尽其用。在满足燃煤设备对煤质要求的前提下，采用动力配煤技术可最大限度地利用低质煤，或更充分地利用当地现有的煤炭资源。

动力配煤技术是减少能源浪费和提高锅炉热效率、减少污染排放的实用技术，是国家重点推广和普及的洁净煤技术项目之一。

3.5.2 各类锅炉对煤质的要求

锅炉的种类繁多，其燃烧方式各不相同，对煤质的要求也不一样。根据燃烧方式的不同，可将锅炉分为层燃锅炉、室燃锅炉和沸腾炉。图3-5给出了这三种锅炉的燃烧方式简图。

(1) 层燃方式。层燃方式是指燃料在炉排上一层一层按序燃烧的方式，见图3-5(a)。这种燃烧方式适合燃用粒状固体燃料。燃烧时，空气从炉排下边进入，通过煤层进行助燃，如手烧炉、链条炉、往复炉等都属于层燃方式。这种方式是动力配煤的重点。

(2) 室燃方式。室燃方式是指燃料在无炉排的火室内悬浮燃烧的方式，见图3-5(b)。这种燃烧方式只能燃烧煤粉、液体油料和气体燃料。燃烧时，燃料由空气携带，以喷气嘴喷入室内燃烧，如煤粉炉、油炉、气炉等都属于室燃方式。

采用这种方式燃用煤粉的锅炉，如电站大型旋风炉，要求煤粉研磨得很细(20~50μm)，而对煤质的其他特性要求并不十分严格，甚至低质烟煤和褐煤等都可以单独烧用。煤粉炉不易压火，适宜大型连续燃烧设备（如电站锅炉）。它需要的煤量大，往往是定点供应，炉型设计也往往针对性强。因此，小型动力配煤不在此例。但是，小型电站所用的锅炉，仍然有煤质和炉型相适应的问题。因此，它也需要进行动力配煤。

(3) 沸腾燃方式。沸腾燃方式是指燃料布置在布风板（即流化床）上，并由强风吹起（沸腾）燃烧的方式，见图3-5(c)。这种燃烧方式可以单独燃用高灰分、低挥发分的劣质煤，但要将其破碎到8mm以下才能燃用。因此，动力配煤不在此例。

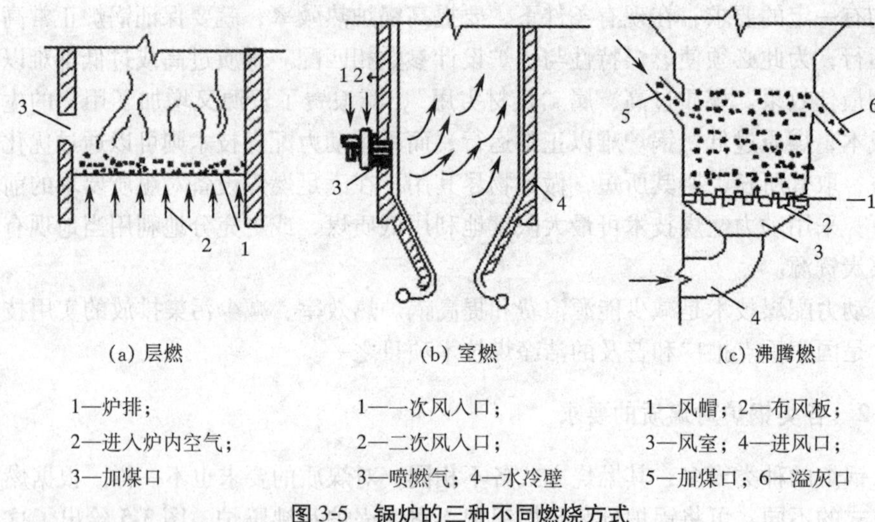

(a) 层燃　　(b) 室燃　　(c) 沸腾燃

1—炉排；
2—进入炉内空气；
3—加煤口

1——次风入口；
2—二次风入口；
3—喷燃气；4—水冷壁

1—风帽；2—布风板；
3—风室；4—进风口；
5—加煤口；6—溢灰口

图 3-5　锅炉的三种不同燃烧方式

3.5.3　层燃炉不同炉种对煤质的要求

层燃方式的锅炉在我国应用很普遍，而且炉种和炉型很复杂。一般来说，层燃炉要求烧用的煤质要好，故以烧烟煤为主。但没有烟煤的地方，只能"吃杂粮"。煤质"不对路"，主要就是指这种锅炉。因此，动力配煤也就是主要针对这种层燃方式的锅炉配制的。下面简要介绍层燃方式锅炉中两种常用的手烧炉和链条炉对煤质的要求。

3.5.3.1　手烧炉

手烧炉分固定炉排、手摇炉排等不同形式。它的加煤、拨火和清渣三项操作过程都是靠人工完成的，故称"手烧炉"。手烧炉的特点决定了它对煤质的不同要求。

(1) 新加煤层上烤下烧，双面着火，燃烧条件极好，故对煤的挥发分要求不高，甚至连无烟煤和贫煤都能烧。

(2) 有人工随意拨火和打焦，故对煤的结焦性能和灰熔融性要求不严格。结焦性能强的煤发热量较高，因此很受欢迎。

(3) 对煤的发热量和粒度虽有要求，粒度也确实影响锅炉出力和效率，但手烧炉适应性大，即使发热量低或粒度不适，也不会到不能烧的地步，只是增加点司炉工的劳动量而已。

(4) 加新煤需周期性开门，因进入冷空气而降低炉温，以致冒黑烟，污染环境，故不宜燃用挥发分过高的长焰煤。

3.5.3.2 链条炉

链条炉是以能自动行进的链条炉排命名的。这是我国层燃方式中量大面广的大宗炉种。这种锅炉的特点是炉排自动行进，由一端进煤，煤落在炉排上，边燃烧边随炉排前进，最后穿过炉膛到另一端排渣。链条炉的特点，也决定了它对煤质的特殊要求。

（1）点燃新煤只靠上烤，单面着火，燃烧条件远不如手烧炉，故要求挥发分要高。但是，挥发分过高（如长焰煤），又易冒黑烟。所以，煤的干燥无灰基挥发分 Vdaf 一般在 20% ~30% 为宜。对于灰分高、发热量低的煤，Vdaf 在 25% 以上为宜。

（2）煤在炉排上行进，不能与炉排相对运动，无破焦、破渣能力，故煤的结焦性能 CRC 应控制在 5 级以下，灰熔融性 ST 不能低于 1300℃。

（3）煤在炉排上燃烧时间有限，故高灰煤不易燃尽；但灰分过低，炉渣太薄，炉排易过热，又易穿风，故要求煤的收到基灰分 Aar 在 10% ~30% 为宜。

（4）煤的粒度对链条炉的运行影响很大，故要求原煤筛分，大块粒度不超过 30mm，6mm 以下的屑粉所占比例不能高于 50%。

（5）为了防止煤粉飞漏，可视屑粉所占比例多少，外加水 6% ~8% 为宜。

3.5.4 锅炉型号及所适用煤种

不同种类的锅炉及其不同的结构，对煤质都有不同的要求。锅炉厂家在设计制造锅炉时，都作了充分的考虑，有很强的针对性。为了使锅炉设计制造规范化、系列化和标准化，原机电工业部曾于 1986 年提出了我国工业锅炉设计制造用代表性煤种（我国工业锅炉用煤种分类）。这样，对锅炉厂家就有了统一的要求，其型号也便于规范化、系列化和标准化。

原机电工业部统一规定我国工业锅炉铭牌标定的产品型号由三部分组成。各部分之间由横线相连，其含义说明详见图 3-6。辨认铭牌，即可知道其型号和大致适应的煤种。

3.5.5 动力配煤工艺与配煤方案

3.5.5.1 动力配煤工艺

一般来说，动力配煤厂由以下工艺组成，原则流程如图 3-7 所示。

（1）原料的接受和储存。采用的主要设备有滚龙取料机、地龙式刮板机和斗轮式取料机等。

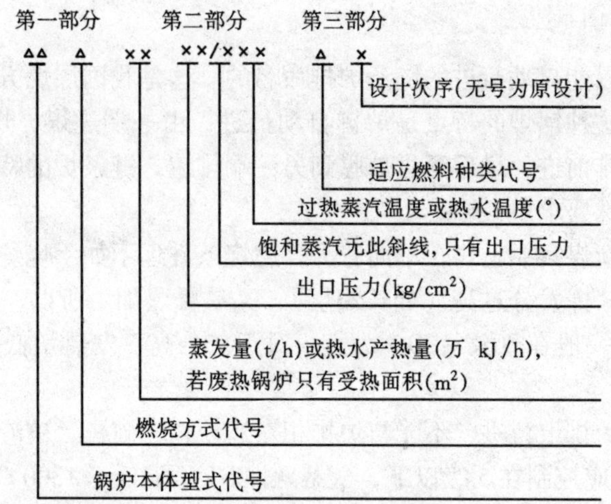

图 3-6　我国工业锅炉型号铭牌标记

△—汉字拼音字母，×—阿拉伯数字

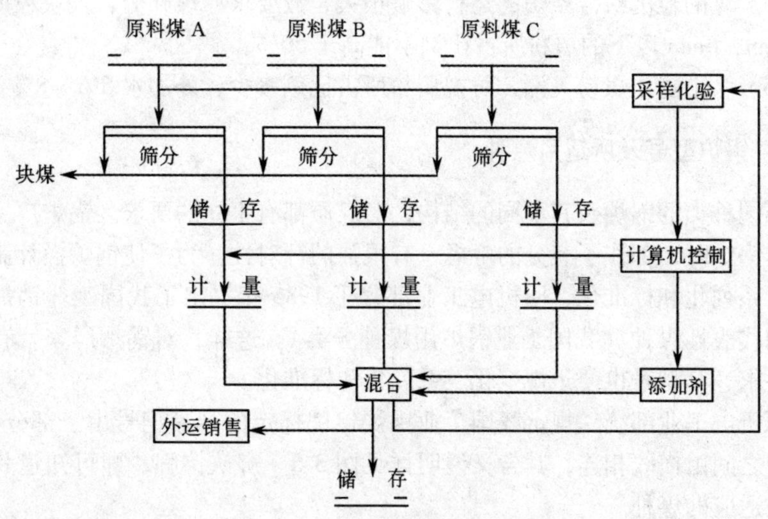

图 3-7　动力配煤流程示意图

(2) 筛分。通过筛分，控制配煤粒度，同时可筛选出块煤，为煤厂增加一定的经济效益，比较常用的筛分设备有滚筒筛和振动筛。

(3) 混配。是动力配煤的重要工艺，一般分为重量配料和容积配料两种。容积配料的主要设备为圆盘给料机和胶带配料机，重量配料一般采用电子皮带秤。

3.5.5.2　配煤方案

配煤方案的确定是动力配煤技术的基础。方案的优劣决定了配煤技术水平的高低。我国最初开展动力配煤时对这一问题并未给予充分的重视，特别是一些小的配煤生产线只是根据简单煤质指标凭经验进行配煤，给人造成一种动力配煤技术含量低、甚至是“掺假”的错觉。20世纪80年代中期，北京物资学院和沈阳市燃料利用研究所等单位进行了“动力配煤优化配方及其深化研究”，利用线性规划原理对动力配煤优化配方进行了最优化计算，并编制出了相应的计算机软件，使动力配煤的技术水平有了一定的提高。随后，北京煤化学研究所等单位也开展了这方面的研究工作，使研究工作的整体水平有了进一步的提高。尽管如此，在配煤方案的优化等方面仍有很多问题需要加以研究解决。事实上，确定配煤方案是一项涉及煤化学、燃烧学、运筹学和计算机技术等多学科的综合性技术，必须对其进行系统的研究。

动力配煤方法有多种，最常见的方法有：线性规划法、神经网络法、模糊数学法等。

线性规划法实际上就是在约束条件下求目标函数的极值问题，具体做法可概括为如下4个步骤：提出约束条件、确定目标函数、建立数学模型和解出最优配方。当约束条件和目标函数确定后，求解的问题便成了一个纯数学问题，求解的方法也有多种，较普遍采用的是单纯形法，已有很多单位编制了相应的计算机软件。

混煤特性与各组成单煤之间并非是简单的加权关系，而是具有复杂的非线性特征。应用神经网络理论、模糊数学等数学手段可以准确地描述这种非线性特征，并以此建立优化配煤的数学模型。通过求解此模型可以得到比加权平均方法更准确、更符合实际的配煤方案。开发和应用电厂优化配煤专家系统可以指导电厂的配煤生产、优化锅炉的运行以及加强煤场的管理，这是电厂动力配煤技术进一步发展的方向。

第4章　型　煤

4.1　型煤分类及有关主要指标

4.1.1　型煤概念及分类

型煤是用一种或数种煤粉与一定比例的黏结剂或固硫剂在一定压力下加工形成的，具有一定形状和强度的煤炭产品。目前国内外型煤种类繁多、工艺类型复杂，为了清晰地了解型煤状况，现简单分类如下。

4.1.1.1　按用途分类

一般分为两大类，即工业型煤和民用型煤。考虑型煤技术发展进程，可分为三大类，即工业型煤、民用型煤和特种型煤，它们还可以进一步详细划分。

(1) 工业型煤可划分如下。

① 高炉炼铁用型煤；

② 蒸汽机车用型煤（因电气机车日益增加，该种型煤用量在减少）；

③ 层燃锅炉用型煤；

④ 煤气发生炉用型煤；

⑤ 工业炉窑用型煤，又分为以下几种：铸造用型煤（型焦）、锻造用型煤、轧钢加热炉用型煤、倒焰窑用型煤。

(2) 民用型煤可划分如下。

① 普通炊事用煤球；

② 普通蜂窝煤（无烟煤）；

③ 上点火蜂窝煤（无烟煤）；

④ 烟煤上点火蜂窝煤；

(3) 特种型煤（功能性型煤）划分如下。

① 点火型煤；

② 耐火材料用型煤；

③ 烧烤型煤；

④ 火锅用型煤；

⑤ 手炉用型煤（各种加香加药等用于保健目的型煤）；

⑥ 固硫、消烟、有害气体分离等多功能型煤；

⑦ 航空保暖型煤。

这些型煤已在我国成功地得到不同程度的应用，其中一些如烧烤型煤已进入国际市场。

4. 1. 1. 2　按形状分类

型煤的形状有：圆柱形、砖形、笼形、马赛克型、球形、枕型、卵型等。球形又有实心球形和空腔球形之分。图 4-1 至图 4-5 分别显示了不同形状、不同用途的各种型煤。

图 4-1　煤棒

图 4-2　煤砖

图 4-3　多孔煤砖

图 4-4　煤球

4. 1. 1. 3　按生产工艺分类

分为冷压成型型煤和热压成型型煤两大类。

（1）冷压成型型煤。按有无黏结剂再分为：①有黏结剂型煤；②无黏结剂型煤。按有无后处理生产工艺再分为：①碳酸化型煤；②普通冷压法型煤。

图 4-5　棒状烧烤炭

（2）热压成型型煤。按配煤再分为：①配强黏结性煤或焦粉的配煤型煤。②单种孔弱（不黏）烟煤型煤。按生产工艺再分为：①气体热载体加热法型煤；②固体热载体加热法型煤。

4.1.2　型煤常规技术指标

型煤最基本的技术指标是：抗压强度、抗破碎性、抗冲击性、抗风蚀性、抗水性、密度等。

4.1.2.1　抗压强度

抗压强度表示型煤在破裂或破碎以前能够承受的最大负荷。

把在相同条件下压制的至少 6 块型煤，分别以型煤薄弱处取向，放于力学试验机的 2 块台板之间，试验机的 2 块台板与型煤曲面以点或线相接触，测定接触点或线由于受表面张力作用刚刚开始破裂时的最大压力，就是单块型煤的抗压强度，把平行样品的测定值取平均值作为该型煤的抗压强度。

4.1.2.2　抗冲击性（落下强度）

此处只介绍我国研究者常使用的方法：取 10 个平行型煤样，从 1.5m 高度自由落到 17mm 厚的钢板上，每个型煤样重复 3 次，测定大于 13mm 颗粒的质量占原质量的百分数即可。

4.1.2.3　抗水性

抗水性在型煤运输、储存中有重要作用，因而是一个极为重要的指标。同时抗水性试验也是型煤防水技术评价及筛选的重要技术手段。

常规抗水性试验采用将单个型煤简单浸没在水中来估计型煤对水的抗吸附

性和抗崩解性。第一，把型煤称重（设其质量为 g_1），然后把其浸没在冷水中，大约每隔 10min 用手指轻压，看其是否有散碎倾向。第二，如果浸泡 30min，型煤不散，则将其取出用滤纸吸干其表面水分后，再称其质量（设其质量为 g_2）。

抗水性 *WRI* 为

$$WRI = 100 - \frac{g_2 - g_1}{g_1} \times 100 = \left(1 - \frac{g_2 - g_1}{g_1}\right) \times 100 \tag{4-1}$$

我国国内可用上述试验中的吸水率 *WAI* 来表示抗水性

$$WAI = \frac{g_2 - g_1}{g_1} \times 100 \tag{4-2}$$

4.1.2.4 热稳定性

热稳定性表示型煤在燃烧过程中发生爆裂破碎的难易程度。此指标对造气用工业型煤十分重要。依照 GB 7561—87 合成氨用煤质量标准和 GB 9143—88 常压固定床煤气发生炉用煤标准，分别要求型煤的稳定性 A 大于70%和76%。

热稳定性的测定方法是：取一定数量的型煤试样，放在带盖的瓷坩埚内，在850℃恒温保持 30min，取出冷却，在频率 240 次/min 的振荡机上筛分 10min，测定大于6mm 颗粒质量占原质量的百分数即为热稳定性指标。

4.1.2.5 型煤其他指标

型煤性能指标因使用目的而定，如化肥工业造气用型煤要求挥发分小于10%，强度要求达到入炉时小于13mm 碎煤量较低；它最重要的质量指标是热稳定性，热稳定性影响造气炉正常运行。高炉型煤要求有较高的强度和耐磨性能。民用型煤一般要求上火快，火力强，无烟尘，无有害气体释放。功能型煤，如保健型煤则要求药效快与持久等。

4.2 型煤成型过程及型煤工艺

4.2.1 型煤成型过程

粉煤成型过程依次是：配料、装料、压密、压溃、反弹。

粉煤成型需要施加外力 *P*。外力 *P* 在粉煤成型中有极重要作用。在此过程中，外力 *P* 有一个临界值。当外加压力达到使粉煤颗粒发生以塑性为主的变形时，外力 *P* 达到临界值。此时成型物料处于稳定状态，去除外力后型煤块保持较高强度，成型率最高。外力 *P* 超过临界值，部分粉煤颗粒二次破碎，同时该体系中的颗粒的弹性变形增加，物料处于不稳定状态；由于型煤块内颗粒之间作用和反弹力作用，导致失去外力后的型煤块出现膨胀裂隙，降低型煤强度，甚至因反弹力过大导致破碎。在上述粉煤成型过程中，装料，$P=0$；压密，$P>0$；压溃、反弹，$P>$临界值。

4.2.2 型煤工艺

结合前面的型煤分类可知，常见的型煤典型工艺有三类，即有黏结剂冷压成型、无黏结剂冷压成型和热压成型。

4.2.2.1 有黏结剂冷压成型

其一般流程如下。

(1) 煤破碎、分级、干燥。不同用途型煤，粒度要求不同，有一个最佳粒度范围，尽可能减少细煤粉的数量，所以要求破碎分级（筛分）。

现代化型煤加工厂中，煤的粉碎和干燥一般为一个加工工序。

(2) 配料计量。配料按工艺要求计量。煤、黏结剂及其他添加物的量不仅影响型煤性能，而且影响型煤成本。

固体粒料可通过电动称量式加料机准确加入，液体黏结剂可用电动计量泵控制。

(3) 物料混合均化。这种工序经常在螺旋混合器中或其他高效的混合设备中进行。为使沥青等固体黏结剂物料混合均匀，需在带有过热蒸汽加热装置的搅拌机中，或在更高效设备上进行。

(4) 成型加工。有黏结剂成型加工一般在对辊或转盘成型机上进行。物料流量大小直接影响成型压力，应严格控制。

(5) 碎块返回、除尘、尘粒返回。

(6) 产品存储。

4.2.2.2 无黏结剂冷压成型

年轻褐煤的无黏结剂冷压成型工艺有 6 个工艺单元，即原煤破碎分级、干燥、冷却、压制、成型后冷却、存储。

(1) 冷却。褐煤干燥后的温度高达 90℃，需冷却到 40 ~ 45℃。煤干燥后冷却对提高（加工）生产能力和提高型煤质量有重要作用。

(2) 成型后冷却。成型过程中，由于摩擦力、煤粒塑性变形等消耗的功部分变为热，使型煤温度升高约 30℃。褐煤一般易自燃，为防止入库存储自燃，成型后必须冷却。

冷压成型是在型煤配合料温度低于 100℃的条件下成型的工艺。

4.2.2.3　热压成型

热压成型是把型煤配合料高速加热到大量形成胶质体的温度下成型的工艺。

如果只有单一煤种，此种成型就称为无黏结剂热压成型。如果是两种组分，且其中一部分为黏结性煤，在黏结性煤软化状态下成型，则称为有黏结剂热压成型。但此有黏结剂热压成型不外加黏结剂。

热压成型的工艺方法很多，但其基本工序依次是：煤破碎，干燥，流化床快速炭化，热压成型，冷却等。

4.3　型煤黏结剂

塑性差的烟煤、无烟煤和老年褐煤要制成型煤必须外加黏结剂，改善塑性。否则，用无黏结剂成型工艺难以制得性能指标很好的型煤。我国的老年褐煤、烟煤和无烟煤储量丰富，因此需要研究型煤黏结剂。另一方面，有黏结剂低压成型，生产工艺简单，投资较少。

4.3.1　型煤黏结剂要求

4.3.1.1　基本要求

（1）型煤黏结剂来源充足；

（2）制备黏结剂的原料质量相对稳定；

（3）黏结剂的价格相对稳定，并且越低越好；

（4）黏结剂的制备工艺简单。

4.3.1.2　质量要求

（1）用黏结剂制成的型煤有一定的机械强度，包括初始强度和最终强度；气化型煤还必须有一定的热稳定性和热强度；

（2）黏结剂有一定的防潮、防水性能；

（3）黏结剂的性能不影响型煤使用效果，如燃用型煤不影响燃烧性能，气化型煤不影响气化效果、煤气质量及炉况有可操作性等；

（4）黏结剂的成灰物不宜过大；

（5）有黏结剂成型的型煤要考虑后处理工艺，也就是黏结剂的性能须考虑型煤后处理工艺要简单易行；

（6）型煤黏结剂不能产生二次污染。

4.3.2 黏结剂的选择原则

为满足上述要求，型煤黏结剂的选择应遵循以下原则，以减少成本，制成合格型煤。

（1）因地制宜，就地取材或就近取材；

（2）针对型煤品种、煤种及煤质选用黏结剂；

（3）不同性质的黏结剂要用不同的生产工艺；

（4）价格合理。

4.3.3 型煤黏结剂种类

型煤黏结剂种类很多，但从总体上可分为三类：有机类、无机类、复合类。

4.3.3.1 有机类

（1）淀粉类——地瓜、木瓜、土豆、玉米等淀粉和糖蜜、糖渣等；

（2）高分子聚合物——PVA，FAA，PA，PF 等；

（3）煤沥青、煤焦油和石油沥青及其残渣；

（4）植物油渣类——麻子油渣、棉子油渣、葵花油渣等；

（5）动物胶类——利用工业加工后的动物皮革废料熬制的动物胶；

（6）腐植酸盐、木质纤维素；

（7）工业废弃物——废轮胎、含油污水、纸浆废液、酿酒废液等。

有机黏结剂黏结能力强，本身具有一定的发热量，可以提高型煤的冷态强度，对型煤的热态强度影响不大。其优点是不增加或少增加型煤灰分。

4.3.3.2 无机类

（1）土——黄土、膨润土、高岭土、黏土、瓷土、白泥、河泥等：

（2）水泥——任何能与水化合生成石状物质的水泥，包括水硬石灰、硅酸盐水泥、火山灰水泥、高铝水泥、天然水泥、氧化镁水泥、矿渣水泥等；

（3）有些煤矿的顶、底板泥；

（4）水玻璃、生（熟）石灰、电石泥、磷酸盐、硫酸盐、NaCl（食盐、工业用盐）等。

无机黏结剂黏结力不如有机黏结剂，本身无发热量，制取的型煤热态性能好。多数无机黏结剂来源广，价格低。

4.3.3.3 复合类

复合类黏结剂多种多样，又可分为以下几类。

（1）有机物与有机物复合——如煤焦油与纸浆复合；

（2）有机物与无机物复合——如美国用膨润土和聚丙烯酸钠和焦磷酸二氢钠复合；

（3）无机物与无机物复合——如日本用铝水泥和 $CaCO_3$，KCO_3 复合。

复合类黏结剂主要利用各种黏结剂的优点，取长补短，使型煤具有较高的机械强度和热稳定性，增加抗湿性能，发挥综合效果，能提高黏结剂的多效性。复合类黏结剂是今后开发新型黏结剂的一个方向。

国内开发黏结剂的重点是用价廉易得的工农业废弃物改性，国外开发黏结剂的重点是从煤中直接提取黏结剂。研究开发适应性强的廉价防水黏结剂是发展型煤的关键之一。

4.4 几种型煤技术及型煤技术发展前景

4.4.1 生物质型煤

生物质煤，实际上是生物质型煤。是在煤中加入一些生物质，然后加入黏结剂，制成型煤。前些年煤科总院煤化工分院曾经做过这方面的工作。生物质工业型煤即属于生物质型煤。

生物质型煤是质量分数 70% ~85% 的煤和质量分数 15% ~30% 的生物质燃料经高压成型的型煤。生物质是指农作物秸秆类物质和生物质工业废料，如柴草、一些种皮、树皮、木屑、糖渣等。

我国生物质燃料资源丰富。每年能收集起来的农作物秸秆超过 2.3 亿 t，柴草 1.8 亿 t 左右，稻壳约 0.4 亿 t，这些生物质燃料以 15% ~30% 的比例掺入型煤，能充分利用能源资源，不但减少大气污染还可以清洁环境。

燃烧生物质型煤有以下优点。

（1）点火容易烧得快。生物质燃料的着火温度是 200 ~300℃，与煤的着火温度 600 ~700℃ 相比低很多，因而加速了煤的点燃过程。

（2）减少烟尘和 SO_2 排放。生物质型煤燃烧时产生的黑烟只是原烟煤的 1/15，在生物质型煤中加入消石灰固硫，能减少 50% 的 SO_2 排放量。

（3）燃烧充分，灰渣含碳量低。临沂型煤厂是国内最早建成的工业规模生物质型煤厂。鞍山热力公司与日本合作建成 10kt/a 工业锅炉生物质型煤示范装置，型煤含生物质 15% ~30%，脱硫率大于 50%，燃烧试验表明锅炉效率可提高 3% ~7%，烟尘和 SO_2 排放达到国家标准。

可见，推广生物质型煤能产生较好的经济效益和社会效益。

4.4.2 型焦技术

不黏结煤或弱黏结煤不能炼焦，经热压成型后就改变了黏结性，成为结焦性良好的炼焦原料，可炼出合格焦炭。我国主焦煤资源相对十分贫乏，并且大多数含硫量较高。利用型焦技术可以扩大炼焦煤资源，把储量丰富的廉价弱黏结煤或不黏结煤用于炼焦。

把非炼焦用原料煤（主要是不黏结煤或弱黏结煤等）加一定量的黏结剂（或不加黏结剂）压制成型煤，按一定比例和原料煤配合（或全部为型煤），装入炼焦炉炼焦，此种技术称为型焦技术。

我国于20世纪50年代开始研究型焦技术，重点是冷压型焦技术。该技术工艺流程短，投资小，煤种适用性强。

4.4.3 其他型煤技术

除上述型煤技术外，还有若干型煤重要技术，例如以下几项。

(1) 型煤洁净技术。简单加工的型煤不能更好地提高燃烧效率和减少污染。型煤洁净技术能进一步提高燃烧效率、减少环境污染。如加入高效的固硫添加剂能更进一步减少 SO_2 排放量；同时在型煤配料中加入助燃剂，提高煤的燃烧效率，使致癌物质苯并芘（BaP）大大降低；通过添加灰熔融改性剂提高型煤的热强度等，进一步减少烟尘排放量。型煤洁净技术对煤洁净化应用有重要意义。

(2) 特种（功能性）型煤技术。其中最常见的是烟煤无烟燃烧固硫上方点火型煤，上方点火，高温区在上方，使煤干馏脱出的挥发分经高温区燃烧而无烟化，点火容易，1 根火柴或1/4 张报纸即可点燃，上火快，使用方便，可用于家庭饮食、采暖、烤烟等农产品加工和养殖业、保温行业。

中国矿业大学开发的火锅和手炉用型煤已实现工业化生产，烧烤型煤已达国际先进水平。

(3) 煤-铁一体化成型技术。这是煤-铁直接还原炼铁工艺的关键技术之一，煤-铁直接还原炼铁是小高炉炼铁的一项新技术，是冶炼前沿技术。

4.4.4 型煤技术发展前景

4.4.4.1 我国型煤发展前景

我国目前有工业锅炉约46 万台、工业窑炉约16 万台，年耗煤量约占全国总耗煤量的40%以上。这些锅炉和窑炉大部分属于层燃方式，适合燃用块煤。然而，随着采煤机械化程度的提高，块煤产率逐渐下降，在实际商品煤中块煤所占比例不足20%，无法满足锅炉、窑炉对块煤的需要。因此，大部分锅炉、窑炉仍直接燃用散煤，这是造成工业锅炉、窑炉热效率低、污染严重的一个重要原因。而燃用型煤，具有明显的节能和环保效益。

型煤技术特别适合中国的中小型燃煤工业锅炉。燃用的型煤主要有两大类：一类是球状，另一类是多孔状（方形或圆柱形）。实践表明，后者环保效果好。

此外，中国每年燃用高硫煤500万t以上，大多数没有脱硫设施，亟需开发出具有高固硫效率的工业型煤。

2000年，全国大小化肥厂所需无烟煤块缺口部分和工业锅炉、工业窑炉所用块煤、散煤，以及按国家环保要求改用造气型煤和工业型煤，总需求量达4亿t左右。目前，全国的粉煤和选煤厂的煤泥年产量不断增加，还有丰富的农作物秸秆、柴草、稻壳及大量的工业废物，这些都为生产绿色工业型煤提供了充足的物质条件。

同时，中国正处在工业化和城市化进程中。21世纪，我国城市化进程将呈加速趋势，随着人民生活水平的提高，大城市民用能源消费结构将逐步改善，发展煤气化、电气化和集中供热，民用型煤消费量将逐渐减少，而中小城市、城镇郊区农村民用型煤的需求将不断增加。

进入21世纪，全国城市居民生活用型煤普及率达到100%，加上其他公用事业燃煤炉改用型煤，其需求量将达1亿~1.2亿t。

目前大量煤炭直接燃烧给中国的能源有效利用和环境污染防治带来双重压力，这为大力发展工业型煤和民用型煤提供了良好的机遇。中国型煤技术的进步，为工业型煤和民用型煤的迅速发展创造了条件。随着市场经济的发展，将拓展型煤生产的资金来源，以高技术、高起点、高质量建厂，扩大生产能力。型煤的发展在国内市场具有广阔的前景。

当今，世界上一些工业化的资本主义国家，如美、英、德、意大利、日本等，由于煤炭资源的枯竭或受本国资源保护性开发政策的限制，大部分矿井被关闭，加之这些国家环境要求严格，国内劳动力价格上涨等原因，他们的工业原料主要靠进口洁净煤或型煤，如果我们能生产出符合国际市场需求标准的型煤，再以价格上的优势去开拓国际市场，前景十分广阔。

4.4.4.2 我国型煤发展及其存在问题

我国型煤技术的发展比较缓慢，起步也比较晚，20世纪50年代后期，我国开始研究民用型煤，主要目的是节约能源和减少环境污染。20世纪60—70年代，国内开展了大规模的民用型煤研究。目前，我国的民用型煤技术已达国际先进水平，拥有机械化加工生产线。近年来，国内民用型煤发展很快，大部分城市已普及燃用型煤。据对全国 32 个大中城市的调查，目前居民生活用能源除使用人工煤气、天然气、液化石油气等清洁能源外，民用型煤普及率为 65%。

随着人民生活水平的提高，全国城市居民生活用型煤普及率将达到 100%，而中小城市、城镇郊区农村民用型煤的需求将不断增加。因此民用型煤未来具有广阔的前景。

我国工业型煤技术的研究起步较早，20 世纪 60 年代，为解决小化肥焦炭和无烟块煤供应不足的问题，国内开发了多种型煤工艺。目前，工业型煤的应用仅限于小氮肥厂的碳化煤球和小高炉型焦，生产规模亦不大；工业锅炉、机车、窑炉用型煤在示范或商业性示范阶段。

目前型煤产业存在的问题主要如下。

(1) 型煤基础理论研究还存在不足。目前，型煤的成型理论众说纷纭，机理研究还存在很多难题有待解决。

(2) 型煤产业资金投入不足。目前，我国型煤厂家不少，但是真正质量过关的不多，而且生产规模小，产量上不去，不能形成市场，利润也就没有保证，有的甚至破坏了型煤行业的声誉。

(3) 型煤企业规模小。目前，型煤配套机械生产能力只有 3 万 ~5 万 t，生产能力小，不能形成生产规模。对需求量大的用户，难以满足供应。由于产量小，生产厂家不敢大批量签订供货合同，其结果则是需求量大的用户要货订不上，产量小的生产厂家有货又卖不出去。

(4) 缺少规范化生产标准。型煤品种的针对性很强，不同用户、不同炉型对型煤质量的要求亦不同，所以生产型煤必须有不同的质量标准，这样，才能规范产品质量，稳定市场秩序。

根据当前型煤技术现状，今后的型煤技术发展方向有以下几个方面。

① 加强基础理论的研究，以理论指导实践，使型煤技术迅速提高到新的水平；

② 型煤机械要向大型化发展；

③ 型煤企业要走联合生产或扩大生产能力的路子；

④ 型煤质量要向标准化、规范化发展。

第5章 水煤浆技术

5.1 水煤浆技术特点

水煤浆（CWM）是一定粒度的煤与水混合成的高浓度浆状燃料。水煤浆出现于20世纪70年代，它可作为炉窑燃料或合成气原料，具有燃烧稳定、污染排放少等优点。

5.1.1 水煤浆物理特性

5.1.1.1 流变性

水煤浆具有较高的表观黏度和稳定的剪切应力，经过搅拌具有很好的流变特性，能满足泵送的要求。

流变特性同时影响到储存期间的稳定性、输送时的流动性、有效地喷入燃烧室的雾化性以及有效燃烧的可燃性等主要特性。

5.1.1.2 触变性

触变性是大多数水煤浆的又一力学特性，即在剪切应力的作用下，水煤浆网状结构体系被破坏和恢复的效应。触变性愈好，对水煤浆的应用愈有利。

5.1.1.3 可雾化性

水煤浆虽在静态下是一种高浓度高黏度的流体，但经过剪切后的水煤浆具有良好的可雾化性，即将水煤浆雾化成约75μm的液滴。制备时煤粉粒度愈细、喷嘴设计愈合理，水煤浆的雾化性愈好。

5.1.2 水煤浆特点

（1）水煤浆主要技术指标。表5-1为中华人民共和国国家标准《水煤浆技术条件》（GB/T 18855—2002），它将水煤浆分为三级，还规定了相应的技术要求和测定方法。

（2）外观像石油，可以像油一样通过管道泵送运输、装卸、用罐贮存，用车、船通过罐装运输、装卸；可通过阀门控制流量；通过特制的压力表、流量计测量压力和流量。锅炉房炉前燃料系统设备和燃油机组十分相似。

（3）可以像重油一样用压缩空气或压力蒸汽进行雾化后燃烧，点火容易，燃烧稳定，保留了煤粉的燃烧特性。但启动时间比煤粉炉要短，负荷变动适应性强（可在 40% ~100% 负荷下，稳定运行），燃烧效率一般为 97% ~99%。

（4）水煤浆含水分 30% 左右，在常温全封闭状态下输送不会爆炸或自燃，减少了贮存运输的防火要求。

表 5-1　　我国水煤浆技术要求

项　目	技术要求	实验方法
质量分数 C/%	Ⅰ级：>66.0　Ⅱ级：64.1 ~66.0 Ⅲ级：60.1 ~64.0	GB/T 18856.2
黏度 η（在浆体温度 20℃，剪切率 100^{-1}时）/mPa · s	<1200	GB/T 18856.4
发热量 $Q_{det.cwm}$/（MJ/kg）	Ⅰ级：>19.50　Ⅱ级：18.51 ~19.50 Ⅲ级：17.00 ~18.50	GB/T 18856.6
灰分 A_{cwm}/%	Ⅰ级：<6.00　Ⅱ级：6.00 ~8.00 Ⅲ级：8.01 ~10.00	GB/T 18856.7
硫分 $S_{t.cwm}$/%	Ⅰ级：<0.35　Ⅱ级：0.35 ~0.65 Ⅲ级：0.66 ~0.80	GB/T 18856.8
煤灰熔融性软化温度 ST/℃（适合于固态排渣方式）	>1250℃	GB/T 18856.10
粒度 $P_{cwm.+0.3mm}$/% $P_{d.+0.075mm}$/%	Ⅰ级：<0.03　Ⅱ级：0.03 ~0.10 Ⅲ级：0.11 ~0.50 ≥75.0	GB/T 18856.3
挥发分 V_{dbt}/%	Ⅰ级：>30.00　Ⅱ级：20.01 ~30.00 Ⅲ级：≤20.00	GB/T 18856.7

（5）没有煤炭在贮运过程中的损失（约 3% 或更高），锅炉现场没有庞大且粉尘飞扬的煤场、输煤、制粉及干燥系统。环境卫生、噪声与燃油机组相似。

（6）炉后除尘除渣设备及灰场容量比燃煤机组小得多。灰场容量仅为燃煤机组的 1/4。灰场扬尘对大气造成的二次污染较小。

（7）炉内燃烧温度比煤粉炉低 100 ~200℃，低温燃烧，NO_x 排放相对较低。

（8）在炉前煤浆中均匀加石灰水（约 3%），炉内脱硫率约可达 50%。燃油含硫量一般约为 2%，还存在脱硫费用昂贵的问题。

（9）由于燃用水煤浆机组燃料系统类似于燃油机组，运行管理、维护检修简单，低灰水煤浆对受热面的磨损大大低于燃煤锅炉，减少了检修工作量，可减少人力和节省资金投入，并且安全可靠性优于燃油机组。

(10) 水煤浆在常温下磨制，比燃煤机组在热风干燥过程中破碎制粉散热损失小。

(11) 水煤浆是整体煤气化联合循环化工气化工艺装置的理想燃料。

(12) 轧钢加热炉使用水煤浆，水煤浆在燃烧过程中产生还原性气氛使钢坯的氧化量由大于3mm下降到不到1mm，提高了钢坯的成材率。

(13) 水煤浆气化有很多优点，不受原煤块度限制，可扩大煤气化的煤种适应性，加压气化效率高，单位投资少，气化温度1300～1500℃，煤转化率高，生成甲烷只有0.1%，没有焦油和废水生成，污水处理费用低。

应当指出，水煤浆是一种代油燃料，与真正的油燃料还是有很大差别的，尤其是水煤浆的含灰量，尽管比原煤少，但仍不能忽视在应用时结渣、积灰、磨损等问题，而必须相应配置除渣、吹灰、除尘排灰渣装置，灰场等设施。从而使初期投资费用及排除灰渣的运行费用比燃油机组高。水煤浆含有少量灰分和较高的水分，锅炉效率低于燃油锅炉，和燃烧煤粉锅炉相当，比燃煤链条炉要高出10个百分点。

5.2 水煤浆制备及添加剂技术

水煤浆是通过煤粉、水和化学添加剂直接混合搅拌等一系列物理加工而得到的煤基流态燃料，其制备技术主要包括制浆煤种选择、级配技术、制浆工艺、制浆设备及添加剂等几方面。

5.2.1 煤种选择

制浆以浮选精煤为原料，以降低灰分。

根据煤的煤质指标和实验室成浆性试验可以判定煤炭成浆的难易程度。对制备水煤浆的原料煤的要求是：成浆性好，燃烧性能好。目前制浆一般采用挥发分大于25%的煤。中国有丰富的制浆原料煤。

5.2.2 级配技术

级配技术是水煤浆制备的关键技术之一。制备高浓度水煤浆，要求水煤浆中大小煤炭颗粒间相互充填，达到较高的堆积密实度，这就要求水煤浆中煤颗粒大小分布合理。实验证明，大颗粒直径与小颗粒直径的比值在10以上时比较好，可以得到较高的堆积效率。

5.2.3 制浆工艺

水煤浆制浆工艺通常包括破碎、磨煤、搅拌与剪切，以及剔除最终产品中的超大颗粒与杂物的滤浆等环节。

磨煤是水煤浆制备过程中的关键环节，与其他工业磨矿不同，不但要求产品达到一定的细度，更重要的是产品应有较好的粒度分布。磨煤可用干法，亦可用湿法，还可以用混合法。湿法是将制浆煤加入一定比例的水和化学添加剂之后在磨煤机中磨制；干法则在制浆煤被干磨成粉末后，再（在成浆器中）加入一定比例的水和化学添加剂搅拌成浆；混合法是将煤的一部分干磨，一部分湿磨，然后两部分在成浆器中加入一定比例的化学添加剂混合成浆。但干法磨煤制浆存在许多缺点，制浆厂很难满足干磨时入料水分不高于5%的要求，磨煤功耗大约比湿法高30%，干磨时新生表面容易被氧化，增加制浆的难度，安全与环境条件也不及湿法磨煤。目前，制浆主要采用湿法磨煤制浆工艺，湿法磨煤又有高浓度磨煤与中浓度磨煤两种方式。磨后产品的细度和粒度分布与给料的粒度分布、煤炭的物理性质、磨机的类型与结构、磨机运行工况等因素密切相关。

5.2.4 制浆设备

制浆设备主要包括球磨机、输浆泵、搅拌器等。我国已开发出多种类型的水煤浆专用磨机（球磨机、振动磨机），基本可以满足水煤浆制备的要求。我国的水煤浆专用磨机的最大处理量为0.30Mt/a。随着制浆规模的扩大，需要进一步开发大型、高效的球磨机，以降低制浆成本。

结合选煤厂建制浆厂是中国在发展水煤浆工业中创造的一个宝贵的经验，至今在其他国家尚未见采用。结合选煤厂建制浆厂时可以尽可能利用选煤厂的细粒煤，还可以与选煤厂共同使用受煤、贮煤、铁路专用线及水、电供应等许多公用设施，以减少基建投资。

5.2.5 水煤浆添加剂技术

水煤浆添加剂有多种，不可或缺的是降黏分散剂与稳定剂。其中分散剂尤为重要，它直接影响着水煤浆的质量和制备成本。

5.2.5.1 分散剂

煤炭的表面有强烈的疏水性，与水不能密切结合成为一种浆体，在较高浓度时只会形成一种湿的泥团。在制浆中加入少量的分散剂可改变煤粒的表面性质，使煤粒表面紧紧地为添加剂分子和水化膜包围，使煤粒均匀地分散于水中，并提高水煤浆的流动性，其用量约为煤的1%。由于各地煤炭的性质差别大，适用的添加剂配方也各不相同。一般来说，分散剂是一种表面活性剂。

5.2.5.2 稳定剂

水煤浆毕竟是一种固、液两相分散体系，煤粒又很容易自发聚结，在重力或其他外加质量力作用下，发生沉淀是难以避免的。为防止发生硬沉淀，必须加入少量的稳定剂。稳定剂有两方面的作用，一方面使水煤浆具有剪切变稀的流变特性，即当水煤浆静置存放时有较高的黏度，开始流动后黏度又可迅速降下来；另一方面使沉淀物有松软的结构，防止产生不可恢复的硬沉淀。

我国开发了腐殖酸类、木质素类、萘系及高分子等种类的添加剂，可以替代进口。目前，吨浆添加剂的成本为20~40元，并仍有下降空间。

5.3 水煤浆技术发展情况及前景

5.3.1 国外水煤浆技术的发展情况

20世纪60年代初，德国科研人员首先注意到煤-水混合物在工业上的潜在使用价值。随后，苏联、美国、日本等相继开展了低浓度尾煤-水混合物的试验。从此奠定了开发以煤为基体的煤-水浆体燃料的基础。

20世纪70年代初，为了应对石油危机和油价暴涨，各国广泛开展了油煤浆技术研究，以此为基础，对水煤浆的制备、储运和燃烧技术等，进行了大量的理论研究和实验室试验。目前，国外水煤浆技术已趋成熟，已达到了商业性示范和工业应用水平，建成了一大批水煤浆厂，国外水煤浆主要用于发电。

美国是最早研制发展水煤浆技术的国家之一。从1979年起水煤浆技术的开发应用就已经列入政府发展计划，水煤浆燃烧技术居世界领先水平。

俄罗斯水煤浆技术起步较晚，但发展迅速，20世纪80年代中期采用意大利先进的水煤浆制备、长距离管道输送技术，1989年在别洛沃建成了5Mt/a的水煤浆制备厂，用长达262km的管道输送线路，供新西伯利亚6×200MW锅炉燃用。该工程是目前世界上规模最大的集水煤浆制备、管道输送、锅炉燃烧三位一体的技术。

瑞典是目前向国外输出成套水煤浆制备和燃烧技术最多的国家，同时也是开发此技术最早、技术相对发达的国家。除进行一般的水煤浆技术研究外，瑞典还从事超低灰、洁净煤浆的研究及开发，1984年首次投产了250kt的商业性水煤浆厂。

日本水煤浆技术的应用主要针对大型电站锅炉，20世纪80年代中、后期开始，日本就在常磐共同火力公司的勿来电厂260t/h，1940t/h锅炉进行水煤浆长期燃烧试验，获成功。其中1940t/h锅炉上使用的燃烧能力11t/h的大型燃烧器，是迄今为止世界上最大的燃烧器。

法国艾米路西电厂是世界上最为成功的煤泥水煤浆用户，自1990年以来，376 t/h循环流化床锅炉一直燃用煤泥制成的水煤浆，燃烧效率为98%。目前，可以用于内燃机使用的超精细水煤浆（粒径 $<15\mu m$，灰分 $<1\%$）也已经研制成功，并已投产使用。

5.3.2 国内水煤浆技术的发展情况

我国自20世纪80年代开始水煤浆技术的研究，“六五”后多次列入国家攻关计划，先后有30多个单位参加研制和开发，现已形成了具有一定规模的科研基地。我国水煤浆产业已进入工业性示范应用和快速商业化阶段。目前，已建立了数十家具有相当规模的制浆厂，如中日合资的兖州厂、中瑞合作建设的北京厂、枣庄八一厂，生产能力均为250kt/a；还建设了多个质优价廉的添加剂厂，已形成了一定生产能力，可以替代进口产品而价格低于进口产品。全国已建成大型水煤浆厂10多座，先后完成了动力锅炉、电站锅炉、轧钢加热炉、热处理炉、干燥窑等炉窑燃用水煤浆的工程试验。

“当前国家重点鼓励发展的产业、产品和技术"（2000年9月1日起执行）目录中明确列出“水煤浆技术开发"为国家重点鼓励发展的技术和产业。

2001年5月，煤炭工业技术委员会及国家水煤浆工程技术研究中心在福建福州召开了2001年水煤浆技术研讨会，出席的各方代表发表了60多篇论文，计划外代表超过1/3，盛况空前。这种盛况表明，水煤浆作为一种新颖的代油洁净燃料，它的制浆、运输和燃烧等应用技术被越来越多的企业关注和接受。可见，在石油短缺的中国，水煤浆工业应用有序发展的时代正在悄悄来临。2001年以来，我国先后建设了大同汇海、广东茂名、胜利油田等3个大型水煤浆生产厂。至今全国已建成和在建的水煤浆厂有30多个，其中500kt/a以上规模的有近20家。

目前，中国水煤浆技术已达到国际先进水平。浙江热能工程研究所的水煤浆代油燃烧技术已出口意大利。浙江大学具有完全自主知识产权的水煤浆代油技术，在国内推广应用的水煤浆锅炉已有70余台，每年为国家节约燃油1.5Mt。在广东建成的国际上最大的20万kW全燃水煤浆电站锅炉已运行多年。

5.3.3　中国发展水煤浆技术的前景

自1999年以来，国际石油价格开始攀升，与此同时，中国原油进口数量也在迅速增长。1998年全年进口2922万t，1999年达到4381万t，而2000年进口达到7000万t，支付外汇达150亿美元。2010年预计进口2.96亿t，2015年将达3.6亿t。从生产方面来说，如果没有勘探和开采技术的重大突破，我国原油的年产量只能维持在1.7亿t左右，这只相当于社会需求的一半，而另一半只能通过进口来解决。如何缓解进口压力，中国的经济学认为，从长远考虑，应认真地推广煤炭的高效清洁燃烧技术，实施“煤代油”“煤变油”，其中最经济、最适用的选择就是加快水煤浆的推广和应用。

在我国水煤浆虽然有良好的前景，技术水平也已达国际先进，但目前国内生产能力却很小。主要原因是水煤浆技术是一个包括制备、运输、应用、环境处理等技术的跨行业多学科的系统工程技术。启用水煤浆这一技术，仅仅掌握水煤浆的制备技术并生产出合格的水煤浆，是远远不够的，必须是生产者和用户共同启用这一新技术，并且双方都有利可图，才能把这一技术付诸实施。

虽然以上因素限制了水煤浆的发展，但是从长远来看，随着国民经济的发展，我国液体燃料供需矛盾进一步加大。随着环境对燃料的约束进一步加强，以及水煤浆技术的进一步提高，成本的下降，水煤浆的应用将突破这些障碍。特别是将水煤浆同治理工业废水结合起来，将会使水煤浆的社会效益更加明显，经济效益得到改善。因此，水煤浆的应用前景是广阔的，只是有待时日而已。

第 6 章　煤炭气化

6.1　煤炭气化原理

6.1.1　煤炭气化定义和实质

煤炭气化是指在一定温度、压力下，用气化剂对煤进行热化学加工，将煤中有机质转变为煤气的过程。

6.1.1.1　气化和燃烧区别

气化和燃烧均属于氧化过程。煤点燃时，潜在的化学能就会以热的形式释放出来，煤中的碳、氢反应生成 CO_2，H_2O，并放出热量。若氧气充足，煤将会发生完全氧化反应，其所有的化学能最终都会转化为热能，该过程就是燃烧。

煤的燃烧即为煤中可燃成分（碳、氢、硫等）与空气中的氧进行剧烈的化学反应，放出大量的热并生成烟气和灰渣的过程。其主要反应为：

$$挥发分 + O_2 \longrightarrow CO_2 + H_2O$$

$$C + O_2 \longrightarrow CO_2$$

$$S + O_2 \longrightarrow SO_x\ (SO_2)\ \text{完全燃烧反应}$$

$$N + O_2 \longrightarrow NO_x$$

若减少氧气的量，释放出的热量就会减少，煤中剩余的化学能就会转移到生成的气体产物（如 H_2，CO，CH_4 等）中。

因此，煤的气化过程实质就是通过控制供氧量，使煤通过部分氧化反应，转化成具有一定潜在化学能的气体燃料的过程。

6.1.1.2　气化和液化的区别

无论从工艺还是化学反应角度，气化和液化都有很大的不同。后者的目的是获取液体燃料或液体化学制品，其实质是通过将煤中大分子裂解成为小分子并同时调整煤中的 C/H 比以获得液体产物。

6.1.1.3 气化同干馏的区别

气化也不同于干馏，干馏是煤炭在隔绝空气的条件下，在一定的温度范围内发生热解，生成固体焦炭、液体焦油和少量煤气的过程，它是一个全热解过程。而气化不仅具有高温热解的过程，同时还通过与气化剂的部分氧化过程将煤中碳转化为气体产物。从转化程度来看，干馏技术将煤本身不到10%的碳转化为可燃气体混合物，而气化则可将碳完全转化。煤的干馏技术一般只用在特定的工业领域。

6.1.2 煤炭气化的基本原理

煤炭的气化过程中涉及煤炭的热解。热解是物质受热发生分解的反应过程。许多无机物质和有机物质被加热到一定程度时都会发生分解反应。热解过程不涉及催化剂，以及其他能量所引起的反应。

从物理化学过程来看，煤的气化共包括以下几个阶段：煤炭干燥脱水、热解脱挥发分、挥发分和残余碳（或半焦）的气化反应、煤的气化过程，如图6-1所示。

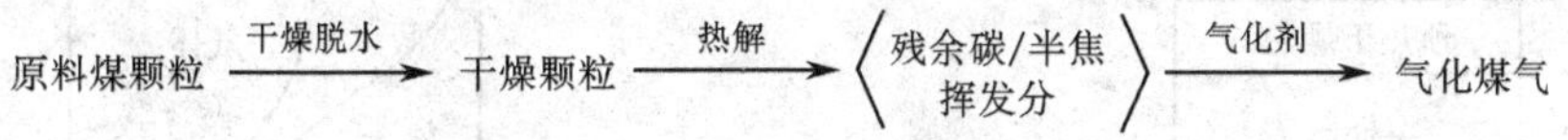

原料煤颗粒 $\xrightarrow{\text{干燥脱水}}$ 干燥颗粒 $\xrightarrow{\text{热解}}$ 〈残余碳/半焦、挥发分〉 $\xrightarrow{\text{气化剂}}$ 气化煤气

图6-1 煤的气化过程

在整个过程中，当煤粒温度升高到350～450℃时，开始发生煤的热解反应，有挥发物（焦油、煤气）析出。

煤的气化反应是指热解生成的挥发分、残余焦炭颗粒与气化剂发生的复杂反应。与燃烧过程中保持一定的过氧量相反，气化反应是在缺氧状态下进行的，因此煤气化反应的主要产物是：可燃性气体 CO，H_2 和 CH_4。另外，产物中还可能存在小部分 CO_2 和少量的水蒸气。

煤炭气化时，必须具备三个条件，即气化炉、气化剂和供给热量，三者缺一不可。煤气发生炉外壳常用钢板制成，内衬耐火砖。

气化过程发生的反应包括煤的热解、气化和燃烧反应。煤的热解是指煤从固相变为气、固、液三相产物的过程。煤的气化和燃烧反应则包括两种反应类型，即非均相气－固反应和均相的气相反应。

6.2 煤炭气化分类

煤炭气化工艺可按气化炉内的压力、气化剂、气化过程供热方式等分类。

常用的分类方法是按气化炉内煤料与气化剂的接触方式划分为 4 类。

6.2.1　移动床（固定床）气化

在气化过程中，块煤（一般粒度为 3～30mm）由气化炉顶部加入，气化剂由气化炉底部加入，煤料与气化剂逆流接触，相对于气体的上升速度而言，煤料下降速度很慢，甚至可视为固定不动，因此称之为固定床气化。而实际上，煤料在气化过程中是以很慢的速度向下移动的，比较准确地应称其为移动床气化。我国绝大多数正在运行的气化炉仍为水煤气或半水煤气固定床。

移动床气化法是最早出现的煤炭气化方法，出现在 19 世纪 50 年代。目前，国外发达国家常压移动床已经应用很少，但在我国，还有上万台常压气化炉在运行。移动床气化炉的原理如图 6-2 所示。

自下而上，气化剂通过气化炉的布风装置均匀送入炉内，首先进入灰渣层，由于灰渣层温度较低，且残碳含量较少，因此灰渣层基本不发生化学反应。气化剂与灰渣进行热交换被预热，灰渣则被冷却后离开气化炉。

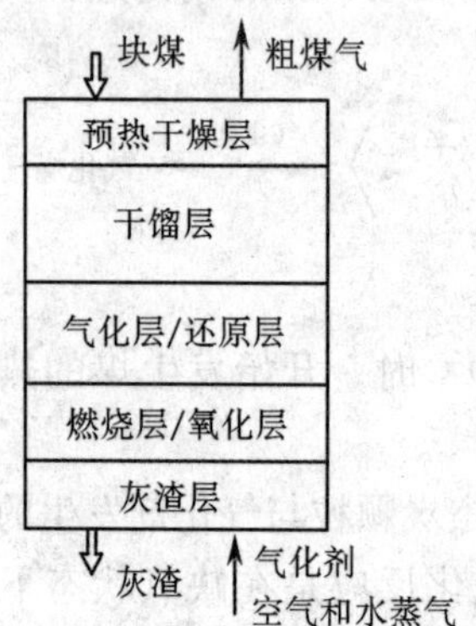

图 6-2　移动床气化法分层原理

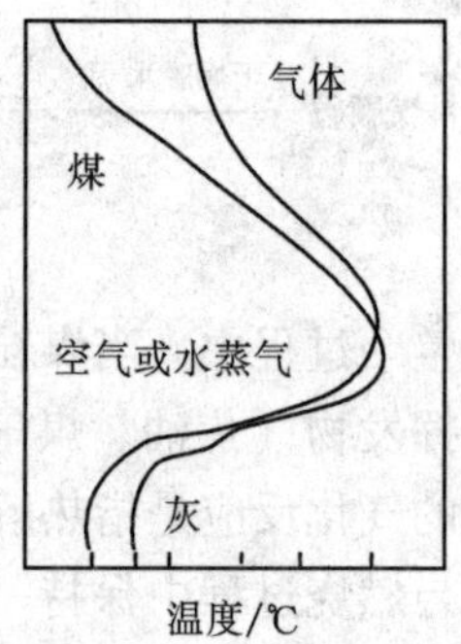

图 6-3　移动床沿床层高度温度分布

预热后的气化剂在氧化层与炽热的焦炭发生剧烈的氧化反应，主要生成 CO_2 和 CO，并放出大量的热。因此氧化层是炉内温度最高的区域，并为其他气化反应提供热量，是维持气化炉正常运行的动力带，如图 6-3 所示。其发生的主要反应

$$C + O_2 \longrightarrow CO_2 + 394.55\text{MJ/kmol}$$

$$C + \frac{1}{2}O_2 \longrightarrow CO + 115.7\text{MJ/kmol}$$

高温的未反应气化剂以及生成的气体产物则继续上升，遇到上方区域的焦炭。在这里二氧化碳和水蒸气分别与焦炭发生还原反应，因此此处称为还原

层。还原层是煤气中可燃气体（CO 和 H_2）的主要生成区域。因为还原层发生的反应均为吸热反应，所以还原层温度比氧化层低，主要反应

$$CO_2 + C \longrightarrow 2CO - 173.1MJ/kmol$$

$$C + H_2O \longrightarrow CO + H_2 - 131.0MJ/kmol$$

通过还原层后，上升的气流中主要成分是可燃性气体产物（CO 和 H_2 等）和未反应尽的气体（CO_2，H_2O，N_2 等），在上部区域与刚进入炉内原料煤相遇，进行热交换。原料煤在温度超过350℃时，发生热解并析出挥发分（可燃气体或焦油），并生成焦炭。由于此时上升气流中已几乎不含氧气，所以煤实际处于无氧热解的干馏状态，故称为干馏层。

典型的常压移动床气化炉有：3M-13 型煤气发生炉、W-G 型煤气发生炉、UGI 型水煤气炉和 FW-stoic 式两段炉。

加压移动床气化法就是指以移动床的形式，在高于大气压力的条件下进行气化。通常压力在 1.2 ~ 2.0MPa 或更高。鲁奇（Lurgi）炉是加压移功床气化炉应用最广、最为成熟的炉型。

6.2.2 流化床气化

流化床气化以粒度为 0 ~ 10mm 的小颗粒煤为气化原料，在气化炉内使其悬浮分散在垂直上升的气流中，煤粒在沸腾状态下进行气化反应，从而使得煤料层内温度均一，易于控制，且提高了气化效率。

温克勒煤气化方法是流化床技术发展过程中最早用于工业生产的，温克勒法是以流化床在常压下进行的大规模工业气化方法。如图6-4所示，温克勒炉是一个高大的圆筒形容器，由两部分组成。其下部圆锥部分为流化床，上部圆筒部分为气流床，气流床高度约为下部流化床高度的 6 ~ 10 倍。该法使用空气或者氧气连续和自动地进行操作，直径为 0 ~ 8mm 的粉粒状煤，经干燥后，用螺旋输料器送入流化床气化炉内，并以空气或氧气及蒸汽的混合气体作为气化剂，通过喷嘴进入气化炉。在常压下操作。炉床温度为 820 ~ 1000℃。温克勒炉中焦油和重碳氢化合物全部被气化，煤气的发热量在以氧气作催化剂时达 9000 ~ 11000kJ/m^3，主要成分为 CO 及 H_2。利用这种煤气为原料，能生产合成氨和甲

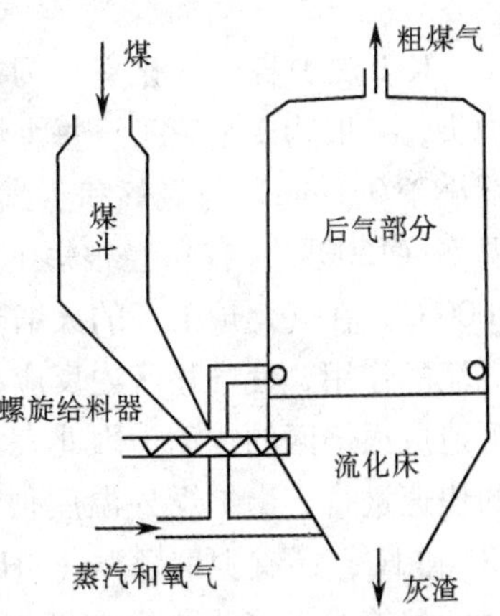

图6-4 温克勒气化炉示意图

醇等化工产品。气化中产生飞灰70%随气流排出炉外，30%从炉底排出。

6.2.3 气流床气化

气流床气化是一种并流气化，用气化剂将粒度为100μm以下的煤粉带入气化炉内，也可将煤粉先制成水煤浆，然后用泵打入气化炉内。煤料在高于其灰熔点的温度下与气化剂发生燃烧反应和气化反应，灰渣以液态形式排出气化炉。

主要工艺如下。

6.2.3.1 K-T气化工艺

K-T法即柯柏斯-托切克气化法，这是气流床气化工艺中最成熟的一种。1952年实现工业化以来，已有数十年的生产经验，国外的煤制合成氨厂大部分选用K-T炉制气。K-T炉示意图如图6-5所示。

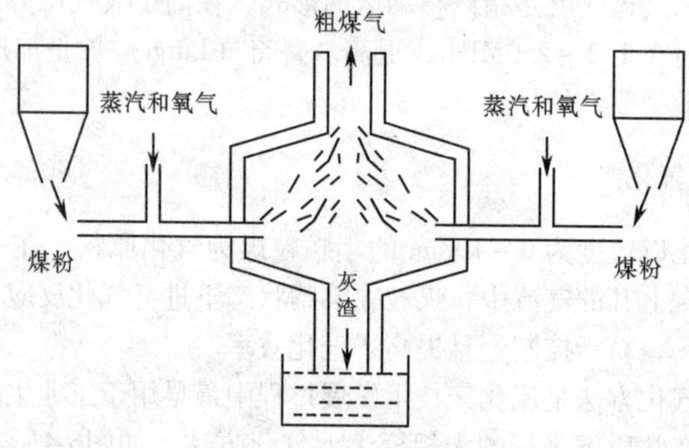

图6-5 K-T炉示意图

K-T炉炉身（气化室）为衬有耐火砖的圆筒体，各端安装着圆锥形的气化炉头，一般为2个炉头，每个炉头安装有2个相邻的喷嘴。在常压下粉煤（粒度小于0.1mm）与氧气和蒸汽的混合物由气化室相对两侧的炉头送入，在高温下（1500℃左右）经很短的停留时间发生反应。炉头内火焰反应温度高达2000℃，在气化炉中部的火焰末端区域，粉煤几乎完全被气化。由于两股相对气流的作用，使气化区内反应物的气流形成高度湍流。此外，炉头内双喷嘴也可造成火焰区的扰动，因此大大增加了气、固两相间的扩散速度，有利于反应的快速进行。出炉煤气温度很高，约为1400～1500℃。煤气中绝大部分都是CO和H_2，还有少量烃类（CH_4）。

尽管K-T气化方法有很多优点，诸如煤种适应性广、蒸汽用量低、生产灵活性大及煤炭转化率高等，但由于该法要求配备大型制粉设备，耗电、耗氧量大，我国粉碎设备能力的不足、耐火材料的高要求以及飞灰和废热的回收等都限制了该方法在我国的发展。

6.2.3.2　Shell/Prenflo 煤炭气化技术

该技术是在 K-T 煤炭气化技术结合 Shell 公司高压油经验的基础上发展起来的，它是一种干粉进料的气化加压气流床煤炭气化技术（液态排渣）。该工艺的特性为：气化压力为 2.45～3.43MPa，干粉进料，炉内反应区火焰中心温度为2000℃，炉出煤气温区为 1350～1600℃。煤气产品中 H_2 占三成，CO 占六成，其余为 CO_2 和少量 N_2，碳转化率达 99%，燃料气的环境特性很好。这是一种生产联合循环发电用燃料气的气化技术，是一种很有前途的第二代煤炭气化技术。

6.2.3.3　德士古气化工艺

与 Shell/Prenflo 煤炭气化技术一样，德士古气化工艺也是循环发电用燃料气的首选技术。它采用先进的水煤浆燃烧技术，同时还可以与燃料电池发电技术相结合。德士古水煤浆气化是第二代气化方法中，最有发展前途的气化方法，已实现大规模工业应用。德士古先进的气化工艺，使煤气化技术进入了一个新的阶段，为现代煤气化工业的发展奠定了基础。

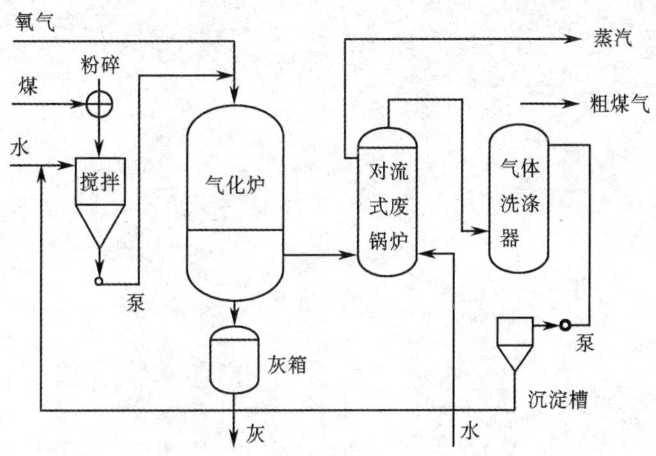

图 6-6　德士古煤气化流程示意图

我国最早引进德士古技术的是山东鲁南化肥厂，于 1993 年投产。后来又有若干厂使用，目前已有十多家单位采用这项技术。其中比较有代表性的有渭河（气化压力 6.0MPa）、淮南（气化压力 4.0MPa）和鲁南（气化压力 2.0MPa）等化肥厂。德士古煤气化流程如图 6-6 所示。

由于国内已经完全掌握了德士古气化工艺，积累了大量的经验，因此设备制造、安装和工程实施周期短，开车运行经验丰富，达标达产时间也相对较短。这种工艺的主要问题是对使用煤质有一定的选择性，同时存在气化效率相对较低、氧耗相对较高及耐火砖寿命短等问题。但随着在国内投运时间的延长，部分问题已得到有效解决。

6.2.4 熔融床气化

熔融床气化将粉煤和气化剂以切线方向高速喷入一温度较高且高度稳定的熔池内，把一部分动能传给熔渣，使池内熔融物做螺旋状的旋转运动并气化。目前此气化工艺已不再发展。

第 7 章　煤炭地下气化

7.1　煤炭地下气化原理

煤炭地下气化（UCG），是将地下煤炭通过热化学反应在原地转化为可燃气体的技术。

煤炭地下气化的基本原理与地面煤炭气化相同。在煤炭地下气化中，首先从地表沿煤层掘进两条倾斜或垂直巷道。其中，一条为进气巷，另一条为排气巷，如图 7-1 所示。在倾斜巷道底部开掘一条水平煤层巷道，把两条倾斜巷道连接起来，被巷道包围起来的整个煤体，就是即将要气化的区域，称为气化盘区，也称地下发生炉。

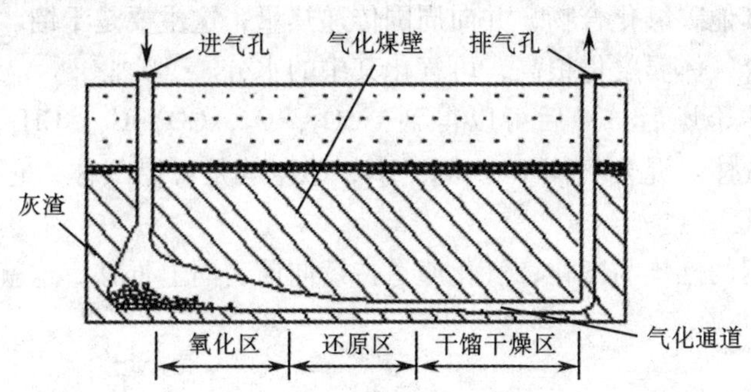

图 7-1　煤炭地下气化原理

在此水平巷道中把煤引燃，则在该水平巷道形成燃烧工作面。在水平巷道一端，即由进风巷鼓入空气、水蒸气等气化剂，煤层开始燃烧。随着煤层燃烧，燃烧工作面逐渐沿着煤层向上移动。燃烧工作面的烧空区被烧剩的灰渣和顶板垮落的矸石充填。煤层变成灰渣体积大幅度缩小，冒落矸石一般不会堵死通道，仍能保留一个空间供气流通过，只要鼓风机有一定风压，风流就可以顺利流过通道。这种有气流通过的气化工作面，被称为气化通道。

整个气化通道反应温度不同，反应及作用不同，一般分为 3 个区，即氧化区、还原区和干馏干燥区。

氧化区，在气化通道的起始段。煤中的碳与空气中的氧发生反应，生成二氧化碳与水。

$$C + O_2 \longrightarrow CO_2 + 394.55\text{MJ/kmol}$$

$$2C + O_2 \longrightarrow 2CO + 231.4\text{MJ/kmol}$$

这两个化学反应是放热反应，产生大量热量，温度高达 1200 ~ 1400℃，使附近煤体炽热。

气流沿气化通道继续往前流动至一定距离后，气流中的氧就基本消耗殆尽，而温度仍在 800 ~ 1000℃。以 CO_2 为主的高温气体在煤层裂隙中向前渗透，进入还原区，并为该区的还原反应提供热量。在还原区，CO_2，H_2O 与碳发生反应生成 CO 和 H_2。

$$CO_2 + C \longrightarrow 2CO - 173.1\text{MJ/kmol}$$

$$H_2O(g) + C \longrightarrow CO + H_2 - 131.5\text{MJ/kmol}$$

还原反应要吸收热量，气流温度逐渐下降到 400 ~ 700℃，以致还原作用停止。这时碳不再氧化，只进行干馏，放出许多挥发性的混合气体，如有氢气、瓦斯和其他碳氢化合物，并向周围传递热量，这主要是干馏。干馏后，脱水干燥。混合气体温度仍很高，可气化其中的水分。

混合气体干燥后，最后可以得到：CO_2，O_2，CO，H_2，CH_4，H_2S 和 N_2 组成的混合气体。混合气体中，CO，H_2，CH_4 等是可燃气体，它们组成的混合物就是煤气。

随着煤层的燃烧与气化，气化通道持续向前、向上推移，这就形成了煤炭地下气化。

7.2 煤炭地下气化方法及生产技术

7.2.1 煤炭地下气化方法分类

煤炭地下气化方法一般分为有井式和无井式两种。有井式地下气化需要预先开掘出井筒与平巷，准备工作量大，成本高；巷道不易密闭，漏风量大，气化过程难以控制；在构建地下气化炉期间，人员仍然不能完全避免在地下工作。

无井式地下气化是利用定向钻进技术，在地面钻出进气、排气孔和气化通道，构成地下气化发生炉。无井式地下气化避免了井下作业和有井式地下气化的其他问题，被世界各国广泛采用。

7.2.2 地下气化准备工作

准备工作包括在地面打钻孔和准备气化通道。

在地面打钻孔，有3种钻孔形式，即垂直钻孔、倾斜钻孔和曲线钻孔。一般用垂直钻孔，它可以用在气化薄煤层和中厚煤层时长期使用。无法采用垂直钻孔，或必须把钻孔布置在气化区上方岩层移动带外时，就要使用倾斜钻孔。曲线钻孔，又称弯曲钻孔，在特殊情况下应用，如钻进气化通道。

煤炭地下气化要有进气孔和排气孔。孔的形成可以是开掘巷道，也可以用钻机钻孔。但无论是巷道还是钻孔，在它们到达煤层后都要被贯通，以形成气化通道。贯通的方法有以下几种。

7.2.2.1 电力贯通

电力贯通法是早期使用的方法，它是通过钻孔或巷道把电极插入煤层，通以高压电。在电流的热力作用下，使煤层的结构和物理性质发生变化，形成多孔的透气性很强的焦化通道。在气化以前再用压缩空气扩大通道。由于煤层电阻大，耗电太多，效果不好，所以电力贯通早已被淘汰。

7.2.2.2 空气渗透火力贯通

进（排）气孔钻好或巷道开掘好后，在一个钻孔或巷道（点火孔或巷）里用烧红的焦炭或其他引燃物把煤层点燃。从另一钻孔或巷道（进气孔）压入101.325~607.95kPa的压缩空气。压缩空气借助煤层中的自然裂隙渗透到点火孔或巷，火焰逐渐迎着风流蔓延，最后把两孔烧通，实现贯通。若此法燃烧方向与风流方向相反，称为反向燃烧贯通法。如果点火孔压入压缩空气，气流由另一孔排出，燃烧方向与风流方向一致，则称为顺向燃烧贯通法。此法空气消耗量较多，贯通速度较慢，已很少应用。

空气渗透火力贯通法要求煤层有较多的天然裂隙，在气化褐煤时常有使用。

如果煤层透气性较差，不能使用一般鼓风机的风压实现贯通时，则可采用高风压贯通，即采用高于贯通地点岩石压力的鼓风机风压，以便冲破煤层，形成大量人工裂隙，实现火力燃烧贯通，称为高压火力渗透贯通法。

7.2.2.3 爆炸破碎贯通

20世纪70年代，美国曾试验爆炸破碎法，此法未能使煤层产生足够的渗透性，而且难以控制。

7.2.2.4 定向钻孔贯通

定向钻孔是石油工业开发的一种钻井新技术。它是用带有导向传感装置的钻头从地面打垂直钻孔，钻到一定深度后，钻孔拐弯，变成水平方向钻进，形成水平孔，与另一垂直钻孔连接贯通。定向钻孔有两种方法：一是逐渐拐弯，一般每30m拐3°~6°，不需特制的钻具，曲率半径约500m。另一种是小半径拐弯钻进，需采用挠性钻具和孔内导向装置，曲率半径可小到15m。英国采用天然伽玛射线传感器导向，在厚度和倾角变化的煤层中进行定向钻孔试验，水平孔长达500m。比-德地下气化研究所在比利时图林大深度煤层地下气化试验中，采用了垂直钻孔、逐渐拐弯钻孔和小半径拐弯钻孔相结合的设计方案。

定向钻孔贯通形成的通道规整，贯通速度较快，电耗少，成本低，因而世界各国都很重视。

7.2.2.5　水力压裂贯通

水力压裂是从钻孔向煤层注入带支撑剂（砂子等）的高压水，使煤层压裂，排水后砂子留在煤层裂隙中，从而提高煤层渗透性。美国、法国、比利时、德国等都曾进行水力压裂试验，均以失败告终。1980年，法国进行水力压裂试验，煤层深1170m，压力达75MPa，结果水砂倒流，发生堵塞。莫斯科近郊煤田气化站用水力压裂法贯通，贯通速度每天0.5~1.0m。

试验和应用表明，上面的几种贯通方法中，反向燃烧贯通法和定向钻孔贯通法目前是可行的。

7.2.3　主要的气化生产工艺

对于近水平煤层或缓倾斜煤层，在其气化盘区内，先打好数排钻孔，钻孔布置成正方形或矩形，钻孔间距20~30m，或根据条件加大，以减少准备工程量、加快准备速度。钻孔成排沿煤层倾斜布置，每排钻孔的数目取决于气化站需要的生产能力。

生产工艺可分为顺流火力作业方式与逆流火力作业方式。

逆流火力作业方式如图7-2所示。具体过程为：在规划的气化盘区内先打好几排孔。钻孔采用正方形或者矩形排列方式，孔间距为20~30m，如图7-2(a)所示。先贯通第Ⅰ排钻孔，形成点燃线，如图7-2(b)所示。然后将第Ⅱ排钻孔与此点燃线贯通，如图7-2(c)中的虚线所示。贯通后就可以进行气化。气化时向第二排钻孔鼓风，第一排钻孔排出煤气。在气化第Ⅰ，Ⅱ排钻孔间煤层的同时，要进行第Ⅱ，Ⅲ排钻孔之间的贯通工作，如图7-2(d)所示。这个贯通工作应该在Ⅰ，Ⅱ排间煤层全部气化之前完成，以便及时接续，即按时向第Ⅲ排钻孔鼓风，由第Ⅱ排钻孔排出煤气，如图7-2(e)所示。此后的火力作业依此类推。逆流火力作业方式的两个钻孔都依次轮流起到贯通、鼓风、排出煤气3种作用。这一方式的特点是煤层的气化方向与鼓风和煤气的运动方向相反，故称为逆流火力作业方式。

顺流火力作业方式（见7-3图）的钻孔布置和逆流火力作业方式相同。气化开始之前首先贯通第Ⅰ排钻孔，如图7-3(b)所示，然后把第Ⅱ排钻孔与第Ⅰ排钻孔的点燃线贯通，贯通后即可气化，如图7-3(c)所示。气化时先由第Ⅰ排钻孔鼓风，第Ⅱ排钻孔排出煤气，如图7-3(d)所示。在第Ⅰ，Ⅱ排钻孔间煤层气化的同时，贯通第Ⅱ，Ⅲ排钻孔。当Ⅰ，Ⅱ排钻孔间煤层气化排出的煤气的热值降低到最低标准时，第Ⅲ排钻孔投入生产。此时向第Ⅱ排钻孔鼓风，由第Ⅲ排钻孔排出煤气，如图7-3(e)所示。余下依此类推。顺流火力作业方式的特点是煤层气化方向与鼓风和煤气运动方向相同。因而此方式能够利用煤气余热，预热煤层，从而能改善气化过程，提高煤层气化程度，降低煤气生产成本。

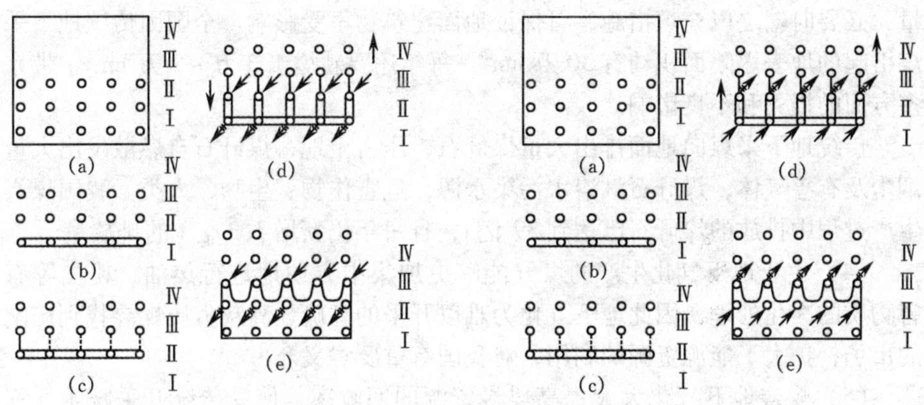

图7-2　逆流火力作业方式　　图7-3　顺流火力作业方式

气化倾斜煤层与急倾斜煤层一般采用垂直钻孔与倾斜钻孔相结合的布置方式。垂直钻孔间距10m（或更大），用于贯通，贯通后即封闭，正式气化工作由间距20m的倾斜钻孔来进行。有时垂直钻孔完成贯通工作以后不封闭，而被用来在气化中鼓风或排出煤气。此种情况有两种不同的火力作业方式。其一是向倾斜钻孔鼓风而由垂直钻孔排出煤气。其二是向垂直钻孔鼓风而倾斜钻孔排出煤气，即顺流火力作业方式。

7.3 煤炭地下气化优点及适用条件

7.3.1 煤炭地下气化的优点

煤炭地下气化的优点有以下几方面。

(1) 将人员在地下生产转变为人员在地面管理生产，免除了艰苦繁重的井下作业，消除了人员井下伤亡的根源。

(2) 可使埋藏过深或过浅的煤层得到开发。深埋煤层开采有多方面困难，如围岩控制、地热等。

(3) 煤炭气化后的灰渣留在地下，对围岩破坏小，可大大减少地面下沉量，必要时辅之以充填措施，可保证地面建筑物不受影响。全国因传统地下采煤引起的地表塌陷面积约有 30 万 hm^2，每年还要新增 1.3 万 ~2 万 hm^2，带来多方面的损失和不良影响。

传统地下采煤向地面排出大量煤矸石，压占土地，煤矸石自燃散发出大量烟尘及有害气体，煤矸石淋溶水污染水源，危害作物、生物、人类。我国煤炭生产过程中排放的煤矸石已达到39 亿 t，且每年仍新增 1.3 亿 t 的排放量。

(4) 由于地下气化生产的煤气能够更加集中方便地进行焦油、粉尘等有害物质的净化处理，因此地下气化为难以开采的高硫、高灰劣质煤寻找到广阔的市场，扩大了能源资源的利用，对我国有重要意义。

(5) 煤炭地下气化大大提高煤炭资源的回收率，使受传统开采技术、安全问题、环保政策制约的难以开采的边角煤、“三下”（铁路下、水体下、建筑物下）压煤、矿井遗留的保护性煤柱得到开采。

(6) 煤炭地下气化经济效益好，其投资一般仅为地面气化站的1/3 ~1/2。煤炭地下气化可节省开采投资 87%，节约生产成本 62%，提高工效 3 倍以上。采用我国地下气化新工艺的造气成本为 0.19 元/m^3，比常规造气成本的 1.05 元/m^3 大幅度降低，经济效益可观。

7.3.2 煤炭地下气化的适用条件

一般来说，多孔且松软的褐煤与烟煤比较易于气化，但薄煤层、含水分多的煤层与无烟煤比较难气化。稳定且连续的煤层，顶底板的透气性小于煤层透气性和煤层倾角超过 35°的中厚煤层对气化更有利。

受传统开采技术、安全问题、环保政策制约的难以开采的边角煤、深部煤、“三下" 压煤、高硫劣质煤、矿井遗留的保护性煤柱都可以用地下气化工艺开采。

7.4　国内外煤炭地下气化发展

7.4.1　国外煤炭地下气化的发展状况

7.4.1.1　国外煤炭地下发展情况

煤炭地下气化技术的发展，已有近百年的历史。1868 年，德国科学家威廉·西蒙斯首先提出了煤炭地下气化的概念。1888 年，俄国化学家门捷列夫提出了煤炭地下气化的基本工艺。1907 年，通过钻孔向点燃的煤层注入空气和蒸汽的煤炭地下气化技术在英国取得专利权。英国科学家威廉·拉姆塞于 1912 年在拉塞姆煤田首次获得煤炭地下气化现场试验成功，得到的煤气用于发电。

1931 年，苏联通过关于煤炭地下气化试验方案的决议。1933 年，苏联开始进行煤炭地下气化（UCG）的现场试验。1932—1941 年，苏联先后在莫斯科近郊煤田、顿涅茨克煤田等地建成几个半工业性和工业性的煤炭地下气化站，并投入生产。此外，还设计了几座大型新式地下气化站。莫斯科近郊气化站在 1941 年从技术上第一次解决了无井式地下气化的技术问题，解决了地下气化的大量难题，积累了丰富的经验。第二次世界大战后，苏联仍继续进行地下气化试验研究和生产工作。煤炭地下气化的工艺技术基本过关，并投入了较大规模的工业生产。

1940—1961 年，苏联建成 5 个试验性气化站。其中规模较大的是俄罗斯的南阿宾斯克气化站和乌兹别克斯坦的安格连斯克气化站。这两个气化站都采用无井式气化工艺。苏联的试验性气化站生产的煤气热值低，产量不稳定，成本高。1977 年，安格连斯克等气化站关闭。到 1991 年，南阿宾斯克气化站气化烟煤累计产气量 90 亿 m^3，煤气平均热值 3.82MJ/m^3。安格连斯克气化站 1987 年恢复运行，气化褐煤生产低热值燃料气供发电用。

美国的地下气化晚于苏联，始于 1949 年，是由美国矿务局和阿拿巴马公司共同开发的。开始采用有井式气化，由于地下气化炉密闭性差，试验未取得预期效果，煤气热值仅为 1.67～2.09MJ/m^3。从 1957 年起，采用无井式钻孔气化法，煤气热值提高到 3.77MJ/m^3，1968 年后先后开发了 4 种不同类型的地下气化炉。特别是 20 世纪 70 年代出现石油能源危机后，加速了地下气化炉的研究和试验。投入大量资金在怀俄明州等地进行试验，取得了较好进展，采用多通道、富氧空气和水蒸气鼓风的气化方法获得热值高达 12.5MJ/m^3 的煤气，20 世纪 80 年代采用 9 对钻孔日产煤气达 225 万 m^3，已接近工业生产规模。最引人注目的是 1987 年 11 月至 1988 年 2 月进行的洛基山-1 号试验，为地下气化技术走向商业化道路创造了条件。

英国从 20 世纪 50 年代以来，进行了几十次煤的地下气化试验。首先进行了无井式气化试验，认为该气化方法不够经济，所以转为有井式地下气化试验，创造了盲孔气化技术，并在纽曼斯平尼的试验中获得成功。长期获得稳定的煤气，煤气热值为 3.35MJ/m^3。1957 年建成一座小规模地下气化发电站，能力为 5000kW，取得令人非常满意的结果，不仅技术上成功，而且在经济上也十分合理。

日本因缺乏能源，对煤炭地下气化非常重视，1961 年起在赤平住友矿进行 3 次规模较大的现场试验，煤层倾角 52°，埋深 13m，第一次气化 200h，煤气热值 2.76MJ/m^3；第二次气化 126h，煤气热值 3.22MJ/m^3，第三次气化煤气热值达 4.19MJ/m^3。1969 年决定建设两座地下气化站。一座在北海道奈井江地区，一座在九州市高松地区，年产气量分别为 3000 万 m^3 和 5000 万 m^3。目的是充分利用采掘条件恶劣的煤炭资源，最终建立地下气化电站联合企业。

捷克于 1956 年开始在北部布里兹诺 1.4m 厚的褐煤层进行地下气化试验，采用无井式气化，获得煤气热值为 3.17 ~ 3.66MJ/m^3，气化总煤量 1867 ~ 3103t，煤气产率 2.36m^3/kg，试验完成后解剖了地下气化发生炉，发现：①煤层垂直厚度全部被烧空；②煤层燃烧后留下的空间被部分矿渣和从顶板冒落的岩石充填；③采用钻孔直线排列气化时，燃烧煤壁宽 10m，有时可达 13.14m；④顶板发生变形；⑤钻孔发生明显的变形，因此不能用加深钻孔来气化几层煤；⑥煤层顶板的可钻性发生了变化，原黏土顶板的可钻性由气化前的 3 级变为气化后的 9 级；⑦气化结束 6 个月后，发生炉的温度还没有完全降下来。1961 年以后，捷克又在维尔撒赤地区布拉梯斯利夫煤田、南马拉维煤田等地进行了试验，生产规模达到 1.6 亿 m^3/a，煤气热值 3.35 ~ 3.77MJ/m^3。

波兰 1955 年在卡拉维辛城郊建立了第一座试验站，波兰采用的是有井式煤气发生炉，其费用比英国有井式气化炉还低。用 1m^3 标准氧气化褐煤和烟煤，褐煤回收 16.75MJ 的热量，而烟煤则回收 40.19MJ 的热量。从而认为对烟煤煤层富氧鼓风不仅在技术上可行，经济上也合理。

联邦德国与比利时在 1976 年 10 月签订了关于共同开发煤炭地下气化技术的协定，主要目标是气化 1000m 以下深部煤层。联邦德国亚琛工业大学和比利时林堡大学从 1979 年起在图林进行了现场试验，对约 870m 深的煤层进行了高压气化，煤气用于发电，经济上比采煤合算。

7.4.1.2 国外煤炭气化的主要成果

从19世纪50年代以来，苏联、美、英、日本、捷克、波兰、德等国家对煤炭地下气化进行了长期而大量的实验室和自然条件下的研究，取得了以下几个方面主要成果：①对在不同煤种、不同矿床、不同水文地质条件下埋藏的煤层，采用不同的煤层气化方法和流程，生产出大量的煤气，基本上实现了工业化。苏联到1990年底已气化用去了1500多万t煤，生产了500多亿m^3的煤气。美国到1990年底，累积气化时间达800d，气化用去了近5万t煤。②从技术上基本解决了不同煤种（从褐煤、烟煤到无烟煤）的气化方法，煤气热值可从3.35~4.19MJ/m^3（空气鼓风），提高到11.72MJ/m^3（氧-蒸汽鼓风）。③掌握了在烟煤、褐煤煤层中开拓气化通道的各种方法，研究出新的贯通方法与薄煤层中深达500m的定向钻孔贯通技术，并生产了相应的各种设备。由于定向钻进、定向爆破技术的发展，可以使钻孔间距由35m增大到50，60m甚至100m，而不增大气化煤的损失。美国最大的定向钻进距离已高达270m。④高效率大容量燃气涡轮风机已经成批生产，容量达2800~3260m^3/min，基本上解决了气化站电耗问题，一般电力鼓风耗电相当于煤气总量的25%，而燃气涡轮只耗8%~10%。⑤低热值燃气轮机已成批生产，除俄罗斯圣彼得堡金属工厂制造外，欧洲阿尔斯通公司、英国林肯燃气轮机厂都生产了各种规格的低热值燃气轮机，分4.35~13MW、17~43MW和57.7~262MW等规格，为动力煤气用于电厂燃料创造了良好条件，扩大了地下气化生产的煤气的市场。⑥成功地掌握了气化煤田勘探与疏干方法，并相应地设计与生产了大批适合于地下气化的勘探设备、钻孔设备以及排水设备。⑦对地下气化过程的管理与控制已经有了一批自动化仪表，如测量燃烧工作面前沿位置、形状及温度，测量煤气泄漏的指示仪，测量地面下陷的自动化工具等，为控制和管理气化过程创造了条件。⑧基本上解决了生产动力煤气的经济问题。已有少数气化站生产煤气的成本低于相同条件的井工开采的生产成本。

7.4.1.3 煤炭地下气化存在的问题

煤炭地下气化虽然取得了上述主要成果，但是由于发展历史较短，还有不少工程问题、技术问题、经济问题以及理论问题需要解决。煤炭地下气化存在的问题有以下几方面。

（1）传统煤炭地下气化工艺的一个缺点是大量的热量散失到气化炉周围的岩层中，另一热量损失是随生成的煤气带走大量的热。当用空气作气化剂时，其组分的79%是氮气，空气煤气带走大量的热量，煤炭的化学能仅仅55%~65%转换成煤气。这种煤气在出气孔前温度高达700~800℃，为改善出气孔的运行条件，不得不人为地把温度降低到 150～250℃，这部分热能也未被充分利用。

（2）传统煤炭地下气化工艺的另一个缺点是用空气鼓风时所获得的煤气热值太低。苏联的 5 个地下气化站，美国早期试验的地下气化以及英国、日本、捷克、波兰等所生产的煤气热值都很低，只能作为动力燃料，不能作其他用途，更无法作为合成原料气。另外鼓风和煤气的泄漏损失较大，一般达 10%～20%。

（3）传统煤炭地下气化工艺的缺点还有地下气化过程稳定性差和可控制性差。由于煤炭地下气化过程本身的复杂性、地下煤层赋存条件的多变性及周围岩石结构的复杂性，可变因素过多，加之地面监测仪器跟不上实际需要，无法全面了解地下气化炉的工况，还有气化过程中顶板冒落与地表塌陷不能人为控制，这些因素都直接影响了地下气化炉的气化工况和气化炉的密闭性能，再加之很难控制气化过程中水的渗入，不能完全杜绝地下水过多浸入燃烧工作面而中断气化过程。

（4）气化工作面的准备工作速度落后于气化反应速度，钻孔工作量与准备工作量过大，约占煤气成本的 30%～35%。因此，必须提高气化工作面的准备速度，包括钻孔和贯通技术以及有井式气化炉的开拓技术等。

（5）气化炉的结构、供风方式也有需要改进的地方，钻井式气化炉，如果钻孔直径太小，不能保证足够的供风量和煤气大量生产的需要，供风后，新鲜风不能立即达到燃烧工作面，而需要经过燃空区，气化剂已在沿途被消耗了相当一部分，到达气化区时，氧的浓度已大为降低，加之沿途扩散和渗漏，因此气化剂不能充分在气化段发挥作用。

7.4.2 中国煤炭地下气化发展简况及成果

7.4.2.1 中国煤炭地下气化发展简况

我国在 1958 年至 1960 年间，曾在鹤岗等 16 个矿区进行了煤炭地下气化试验，取得了一些初步成果，此后相当长时间未再进行试验。1985 年中国矿业大学在徐州马庄矿用无井式煤炭地下气化进行了煤炭地下气化。20 世纪 80 年代末中国矿业大学余力教授等又提出“长通道，大断面，两阶段煤炭地下气化工艺”，1994 年 3 月在徐州新河二号井进行了煤炭地下气化半工业试验，此后又在唐山刘庄、山东孙村矿、曹庄矿、山西昔阳等地进行了试验。原煤炭部柴兆喜 1997 年 9 月在哈尔滨依兰煤矿试验了“气化矿井”技术，以后又在河南义马、鹤岗、新密等地进行了煤炭地下气化试验。总共点火 10 处，均获得了成功。新奥气化采煤集团与中国矿业大学在内蒙古乌兰察布市弓沟煤矿进行了褐煤地下气化及煤气燃烧发电。这标志着我国无井式气化采煤技术获得成功，也标志着我国在此技术领域步入世界前沿。新汶矿业集团鄂庄煤矿地下煤层气化站于2002年投入运行，经过8年的试验和工业性实践，实现了地下气化煤气“生产—输送—储存—应用”工业性循环综合应用。与此同时，针对气化开采所进行的安全环保监测也经国家权威机构普尼监测中心认证，达到国家级环保标准。

由这些试验中可以看出：①中国试验煤层广。煤种从褐煤到无烟煤，煤牌号范围宽，比国外任何一个国家试验的煤种都多；煤层厚度从1.8m到4m左右，倾角从13°~14°到70°都进行了试验，都可较稳定地生产出热值为5MJ/m^{3}左右的空气煤气和12MJ/m^{3}左右的水煤气；这些试验为我国大范围推广煤炭地下气化积累了经验。②在山东新汶的孙村矿、曹庄矿已把煤气用于城镇居民炊事，并开展了煤气发电的试验研究工作，山西昔阳已把产生的煤气用于化肥厂的锅炉，取得了一定的经济效益和环境效益。③国内实施的这两种气化方法起点较高，不少已实施的措施是国际上正在开始研究和实施的。如气化通道加长加大、两阶段气化、压抽结合、出气孔环形夹套水冷却、双炉交替运行、正反向燃烧气化、多功能钻孔的应用、注气点后退工艺等。④地下气化某些方面尚需做大量工作，如气化炉产气的稳定性、连续性以及控制气化炉气化的手段，气化炉各种参数的测控技术，气化炉的运行规律（包括煤炭地下气化的气化理论，煤炭地下气化产业化）方面。就地下气化炉的炉体设计，结构尺寸设计，地下气化炉的冷态试验，点火开工等方面，还需要制定规范性文件并在实验中不断充实完善。⑤煤炭地下气化所得煤气的净化处理方面还不系统、不完备。煤气的利用有待于进一步开发，煤炭地下气化的规模较小，无法取得完整的技术经济指标。⑥深部煤层的地下气化研究和开发在我国尚属空白。

7.4.2.2 中国煤炭地下气化取得的成果

我国是以煤炭为主要能源的国家，但传统的煤炭生产和利用方式给我国造成的煤炭资源的浪费和生态环境的破坏较严重。为了解决这些问题，自1984年起，中国矿业大学余力教授及煤炭工业地下气化工程研究中心进行了煤炭地下气化技术研究。在研究和总结苏联煤炭地下气化工艺的基础上，结合我国报废煤炭资源逐年增多的国情，以唯物辩证法为指导，以多学科的正确应用为基础，创造性地提出了“长通道、大断面、两阶段”煤炭工业地下气化新工艺理论体系，并完成了地下气化试验、半工业性试验和工业性试验，使煤炭地下气化在我国具备了一定的技术基础。该项目通过了山东省科技部门组织的技术鉴定。受国家发改委委托、中国国际工程咨询公司组织专家对该工艺进行了评估，先后获得山东省和山东省煤管局科技成果一等奖，并入选2000年度全国煤炭行业十大科技成果。

“长通道、大断面、两阶段”煤炭地下气化新工艺，采用有井式与无井式气化相匹配。工艺在矿山企业极易操作与推广，可充分利用矿井现有技术和物质条件建设地下气化炉和地面气化站。该工艺的气化炉主要由进气孔、排气孔、辅助孔和气流通道、气化通道组成。该炉建设不需要特殊技术，建炉大部分工作为煤巷掘进，掘进煤可补贴建炉费用。气化通道为普通煤巷，其断面一般在 $4m^2$ 以上，气化通道断面加大后，供风阻力降低，电耗降低，单炉产气量增大，单位时间内燃烧煤量较多，热稳定性较好。气化通道（包括气流通道）长度增加后，反应表面积增大，热解煤气产量大，煤气热值高，单炉服务时间长。因此长通道、大断面气化炉有利于气化过程的稳定。新工艺气化炉具有以下优点：大型炉热效率高、产气量稳定、热值稳定，通道燃烧后，形成大而稳定的高温场，热惯性大，使得气化过程不易受随机因素的干扰。通道长，干馏煤气产量大、CH_4 的含量高。断面大，产气量大，同时供风压力低，运行费用少。

两阶段地下气化工艺，是一种循环供给空气和水蒸气的地下气化方法。每次循环由两个阶段组成，第一阶段为鼓入空气，燃烧蓄热，生产空气煤气。第二阶段为鼓入水蒸气，主要发生分解反应，产生以 CO，H_2 为主的中高热值水煤气。由于分解反应是吸热反应，因而炉内温度降低，当炉内温度降到一定的限度，又重新鼓入空气，如此循环。

专家认为，煤炭地下气化新工艺，实现了富氧连续气化，并且成功实施了工业性应用，这是我国煤炭地下气化技术的又一重大突破。该技术走在了世界煤炭地下气化技术的最前沿，具有更高的可靠性、灵活性、互变性和可控性。这项高新技术可节省开采投资 87%，节约生产成本 62%，提高工效 3 倍以上，吨煤利用价值也大大提高。

该工艺使我国煤炭综合利用实现了经济效益、环保效益和安全效益的多项丰收，对我国改革能源结构、保障国民经济的安全稳定发展，提高国际技术竞争力具有重要意义。

第8章　煤炭液化技术

8.1　煤炭液化技术分类及意义

8.1.1　煤炭液化技术定义及其分类

煤炭液化技术是将固体的煤炭转化为液体燃料、化工原料和产品的先进洁净煤技术。

煤和石油都是可燃的矿物燃料，主要成分都是碳、氢、氮和硫，但是两者在组成和性质方面还有很多的差别，如表8-1所示。

表8-1　几种典型煤与原油、汽油和甲苯的元素组成　%

元　素	无烟煤	中等挥发性烟煤	高挥发性烟煤	褐煤	原油	汽油	甲苯
C	93.4	88.4	84.5	72.7	83~87	86	91.3
H	2.4	5.0	5.5	4.2	11~14	11	8.7
O	2.4	4.1	7.0	21.3	—	—	—
N	0.9	1.7	1.5	1.2	0.2	—	—
S	0.6	0.8	1.3	0.6	1.0	—	—
H/C	0.31	0.67	0.79	0.69	1.76	1.94	1.14

从表8-1可看出，与原油、汽油等油类对比，煤炭的H/C比例小，氧含量高，分子大，结构复杂。此外，煤中还含有较多的矿物质和氮、硫等。因此，煤炭液化过程的实质就是提高H/C值，破碎大分子和提高纯净度的过程，即需要加氢、裂解、提质等工艺过程。煤炭液化技术又可分为煤的直接液化技术和煤的间接液化技术。

煤的直接液化技术是将固体煤在高温高压下与氢反应，将其降解和加氢，从而转化为液体油类的工艺，又称加氢液化。一般情况下，1t无水无灰煤能转化成0.5t以上的液化油。煤直接液化油可生产洁净优质汽油、柴油和航空燃料等。

如图8-1所示，直接液化工艺是把煤先磨成粉，再和自身产生的液化重油

(循环溶剂)配成煤浆，在高温(450℃)和高压(20～30MPa)下直接加氢，将煤转化成汽油、柴油等石油产品，1t 无水无灰煤可产 500～600kg 油，加上制氢用煤，约 3～4t 原煤产 1t 成品油。

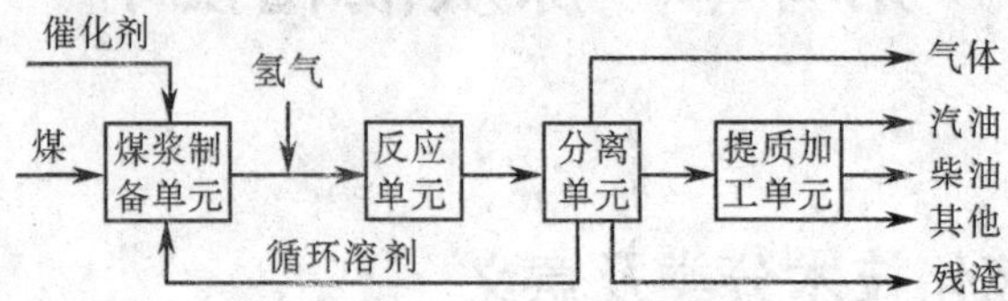

图 8-1　煤的直接液化工艺流程简图

煤的间接液化技术是先将煤气化，然后合成燃料油和化工原料等产品，如图 8-2 所示。煤间接液化工艺先把煤全部气化成合成气(氢气和一氧化碳)，然后再在催化剂存在下合成为汽油。一般情况下，约 5～7t 煤产 1t 油。

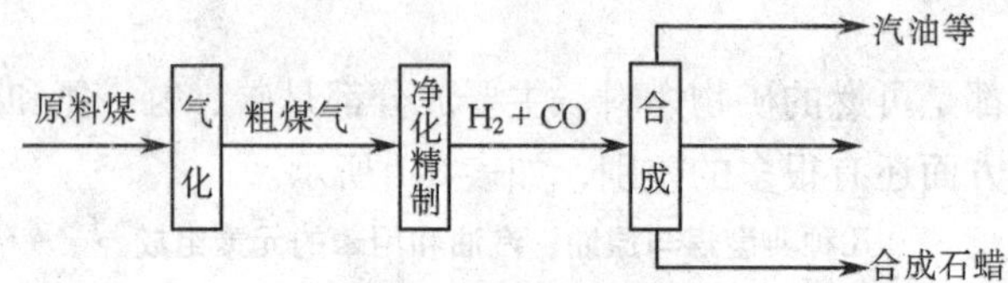

图 8-2　煤的间接液化工艺流程简图

间接液化工艺与直接液化相比，优点如下。

(1) 适用煤种比直接液化广泛；

(2) 可以在现有化肥厂已有气化炉的基础上实现合成汽油；

(3) 反应压力为 3MPa，低于直接液化，反应温度为 550℃，高于直接液化；

(4) 油收率低于直接液化，需 5～7t 煤出 1t 油，所以产品油成本比直接液化高出较多。

8.1.2　我国煤炭液化的意义

我国石油资源短缺，在可预见的将来，中国以煤为主的能源结构不会改变。与世界大多数国家相比，中国能源资源特点是煤炭资源丰富，而石油、天然气相对贫乏。煤炭液化合成油是解决能源危机最有效可行的途径，通过煤液化合成油是实现我国油品基本自给的现实途径之一。我国发展煤炭液化产业的意义主要体现在以下几个方面。

(1) 我国以煤炭为主的能源结构在未来几十年将不会改变，并且大量使用煤炭，带来了严重的环境污染问题。这决定了我国能源结构必须以煤炭为主，而且利用能源时为了避免环境污染和破坏，要积极发展包括煤炭液化在内的洁净煤技术。

（2）我国石油资源贫乏，国际油价迅速上升，对我国的能源安全构成威胁。我国原油对外依存度2007年为47%，2008年为49%，到2009年已经突破国际公认的50%警戒线，而我国石油储备量远未达到国际标准。这种情况下，若当境外的能源供应出现短缺时，国内没有富余的石油进行调节，就会危及国家能源安全。而发展煤炭液化技术就可以在一定程度上缓解我国石油不足的压力。

（3）煤炭液化可以增加液体燃料的供应能力，有利于煤炭工业的可持续发展。煤炭通过液化可将硫等有害元素脱除，得到优质汽油、柴油和航空燃料等清洁的二次能源。这对于优化终端能源结构，减少环境污染具有重要的战略意义。通过煤炭液化，不仅能解决燃煤的环境污染问题，而且能充分利用我国丰富的煤炭资源，进而保证煤炭工业的可持续发展。

8.2　国内外煤炭液化发展情况

8.2.1　国外煤炭液化技术现状

8.2.1.1　直接液化

1913年，德国人F. Bergius首先发明了煤炭液化，此后，德国IG公司在第二次世界大战时期实现了工业化生产。据统计，1944年德国煤炭液化的生产能力已达到了423万t/年。战后，由于中东地区大量廉价石油的开发，煤炭液化失去了竞争力。

20世纪70年代，由于石油危机，煤炭液化又活跃起来。日本、德国、美国等工业发达国家相继开发出一批煤炭直接液化技术。这些国家的重点集中在如何降低反应条件的苛刻度，从而达到降低煤炭液化成本。目前，世界上煤炭直接液化有代表性的是德国的IGOR工艺、日本的NEDOL工艺和美国的HTI工艺。这些新工艺的特点是：反应条件与老液化工艺相比大大缓和，压力从40MPa降低到17~30MPa。并且产油率和油的质量都有很大提高，具备了大规模建设液化厂的技术能力。目前，国外没有实现工业化生产的主要原因是：由于原煤价格和液化设备造价以及人工费用偏高，导致液化成本相对于石油偏高，难以与石油竞争。

8.2.1.2　间接液化

1923年，德国出现了煤炭间接液化技术。第二次世界大战时期，建造了9

个间接液化工厂。战后，同样由于廉价的石油开发，导致这项技术停滞不前。之后，由于铁系催化剂的研制成功，新型反应器的开发和利用，煤炭液化技术得到了发展。但是，由于煤炭间接液化工艺复杂，初期投资大，成本高，除了南非外，其他国家对间接液化的兴趣相对于直接液化来说逐渐淡弱。

间接液化的技术主要3种，南非的费-托合成法、美国的莫比尔法和正在开发的直接合成法。目前间接液化技术在世界上已实现商业化生产。全世界共有3家商业生产厂正在运行，其中有南非的萨索尔公司和新西兰、马来西亚的煤炭间接液化厂。新西兰采用莫比尔法液化工艺，但是只进行间接液化的第一部反应，即利用天然气或者煤气化合成气生产甲醇。马来西亚煤炭间接液化厂采用的工艺和南非的类似，但不同的是以天然气为原料来生产优质柴油和煤油。因此，从严格意义上来说，南非的萨索尔公司是世界上唯一的煤炭间接液化商业化生产企业。该公司生产的汽油和柴油可满足南非28%的需求量，其煤炭间接液化技术处于世界领先地位。

8.2.2 中国煤炭液化现状

国内研究煤炭液化技术的机构有两家，一家是煤炭科学研究总院，负责煤炭直接液化技术的引进和研究，另一家是中科院山西煤化所，负责间接液化技术的研究和开发。

8.2.2.1 直接液化

我国从20世纪70年代末开始进行煤炭直接液化技术的研究和攻关，其目的是用煤生产汽油、柴油等运输燃料和芳香烃等化工原料。煤炭科学研究总院先后从日本、德国、美国引进直接液化试验装置。经过近20年的试验研究，找出了14种适于直接液化的中国煤种；选出了5种活性较高的、具有世界先进水平的催化剂；完成了4种煤的工艺条件试验。为开发适于中国煤种的煤直接液化工艺奠定了基础，成功地将煤液化后的粗油加工成合格的汽油、柴油和航空煤油等。

目前，从煤一直到合格产品的全流程已经打通，煤炭直接液化技术在中国已完成基础性研究，为进一步工艺放大和建设工业化生产厂打下了坚实的基础。

8.2.2.2 间接液化

我国从20世纪50年代初即开始进行煤炭间接液化技术的研究，曾在锦州进行过煤间接液化试验，后因发现大庆油田而中止。由于70年代的两次石油危机，以及“富煤少油”的能源结构带来的一系列问题，我国自80年代初又恢复对煤间接液化合成汽油技术的研究，由中科院山西煤化所组织实施。

“七五”期间，山西煤化所的煤基合成汽油技术被列为国家重点科技攻关项目。1989年在山西省代县化肥厂完成了小型实验。“八五”期间，国家和山西省政府投资2000多万元，在晋城化肥厂建立了年产2000t汽油的工业试验装置，生产出了90号汽油。在此基础上，提出了年产10万t合成汽油装置的技术方案。目前，万吨级煤基合成汽油工艺技术软件开发和集成的研究正在进行，从20世纪90年代初开始研究的用于合成柴油的钴基催化剂技术也正处在试验阶段。经过20年的开发和研究，目前我国已经具备建设万吨级规模生产装置的技术储备，在关键技术、催化剂的研究开发方面已拥有了自主知识产权。我国自己研发的煤炭液化技术已达到世界先进水平。

1997—2000年，煤炭科学研究总院北京煤化所分别同德国、日本、美国有关部门和机构合作进行了云南先锋褐煤、神华煤和黑龙江依兰煤直接液化示范厂的（预）可行性研究。此外，云南先锋、黑龙江依兰、河南平顶山、内蒙古扎赉诺尔的煤炭直接液化项目的前期工作已基本完成，目前已进入立项阶段。此外，贵州、山东、山西、宁夏等省（区）也正在进行煤种试验和煤炭液化的前期研究工作。

2008年，神东煤田的首条煤直接液化生产线建成投产后，年用煤量345万t，可生产各种油品108万t。

在间接液化方面，2005年，中科院山西煤化所与山西连顺能源有限公司就共同组建合成油达成协议，打算用3~5年时间在山西朔州建一个年产15万t合成液化油的间接液化生产厂。2004年4月，中科院和山西省政府签署了“发展山西煤间接液化合成油产业的框架协议”，拟在5~10年内，在朔州和大同几个大煤田之间建成一个以百万吨煤基合成油为核心的、多联产特大型企业集团。

此外，中国许多煤炭企业非常关注煤炭液化技术的产业化发展，对煤炭液化项目的积极性很高，其中不少企业已完成了大量前期工作，从而对我国煤炭液化产业化进程起到了推动作用。近年来，我国煤炭液化技术取得实质性进展。中国目前正在兴建和拟建设的“煤液化”项目已达1600万t，总投入约150亿美元。

依据国家规划，到2020年，我国煤液化产业要形成年产6000万t的能力，今后5~10年，我国将以陕西、山西、云南和内蒙古为基地，加快推进煤炭的液化战略，以减少对国际市场石油产品的依赖，缓解燃煤引起的日益严重的环境污染。

8.3 典型的煤炭液化工艺

8.3.1 典型的直接液化工艺

德国是最早研究和开发煤炭直接液化工艺的国家，其最初的工艺为IG工艺，其后不断改进，开发出被认为是世界上最先进的IGOR工艺。其后，美国开发出了溶剂精制煤（SRC-Ⅰ，SRC-Ⅱ）、供氢溶剂（EDS）、氢煤（H-Coal）等工艺。此外，日本的NEDOL工艺也有相当出色的液化性能。我国在建的神华煤直接液化厂所采用的工艺，也是在其他液化工艺的基础上发展的具有自身特色的液化工艺。

8.3.1.1 美国溶剂精制煤（SRC-Ⅰ，SRC-Ⅱ）工艺

按加氢深度的不同，溶剂精制煤可分为SRC-Ⅰ和SRC-Ⅱ两种。SRC-Ⅱ工艺是在SRC-Ⅰ工艺基础上发展起来的，两种方法的工艺流程基本相似。SRC-Ⅱ工艺流程见图8-3，煤破碎干燥后与来自装置生产的循环物料混合制成煤浆，用高压煤浆泵反应压力加至14MPa左右，与循环氢和补充氢混合后一起预热到371～399℃，进入反应器。在反应器内由于反应放热，使反应物温度升高，

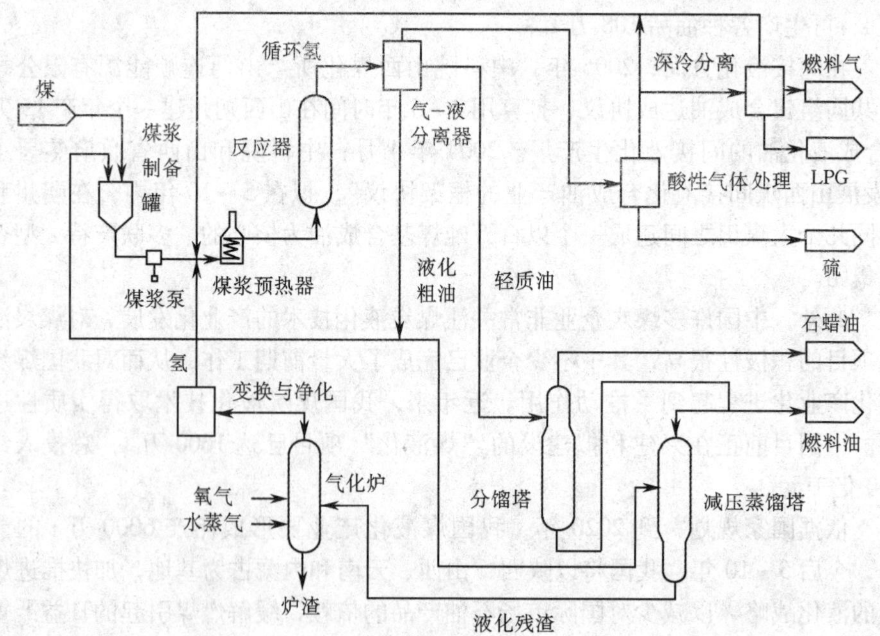

图8-3 SRC-Ⅱ工艺流程

通过注入冷氢的方法将反应温度控制在438～466℃的范围。

反应产物经高温分离器分成气相和液相两部分。气相进行系列换热冷却，再在低温分离器内分离出冷凝液（即液化油），液体油进入蒸馏单元。气体再经净化、压缩循环使用。

流出高温分离器的含固体的液相产物，一部分返回作为循环溶剂用于煤浆制备，剩余部分进入蒸馏单元回收液化油。馏出物的一部分也可以返回作为循环溶剂用于煤浆制备。蒸馏单元减压塔釜底残渣含有未转化的固体煤和灰，可以进入制氢单元作为制氢原料使用。

SRC-Ⅰ法和SRC-Ⅱ法的共同点是：都同属于加氢液化法，机理基本相同。主要不同点在于：SRC-Ⅰ法加氢量少，质量分数为1.96%～2%，氢化程度低，产品以固体燃料为主。SRC-Ⅱ法加氢量大，质量分数为3%～5%，氢化程度较高，产品以液体燃料为主。

8.3.1.2　中国神华煤直接液化工艺

中国神华集团在吸收近几年煤炭液化研究成果的基础上，根据煤液化单项技术的成熟程度，对HTI工艺进行了优化，提出了如图8-4所示的煤直接液化工艺流程。

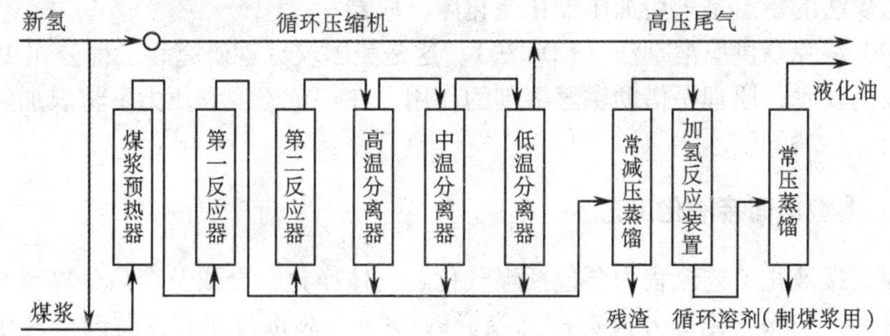

图8-4　中国神华煤直接液化工艺示意图

主要工艺特点（与HTI工艺对比）如下。

（1）采用两段反应，反应温度为455℃、压力为19MPa，提高了煤浆空速；

（2）采用人工合成超细铁基催化剂，催化剂用量相对较少，为干煤质量的1.0%，同时避免了HTI的胶体催化剂加入煤浆的难题；

（3）取消了溶剂脱灰工序，固液分离采用成熟的减压蒸馏；

（4）循环溶剂全部加氢，提高了溶剂的供氢能力；

（5）液化粗油精制采用离线加氢方案。

8.3.1.3 其他直接液化工艺

除以上介绍的直接液化工艺外，还有其他一些直接液化工艺。

(1) 德国的IGOR工艺。20世纪70年代，德国环保与原材料回收公司与德国矿冶技术检测有限公司联合研制了煤加氢与加氢精制一体化联合工艺IGOR。原料煤经过该工艺过程液化后，可直接得到加氢裂解及催化重整工艺处理的合格原料油，从而改变了以往煤加氢液化制备的合成原油还需再单独进行加氢精制工艺处理的传统煤液化模式。

(2) 日本的NEDOL工艺。该工艺由日本新技术综合开发机构于20世纪80年代初开发。1996年在鹿岛建成150t/d的NEDOL煤液化中间试验厂。至1998年，中试厂运转5次，探索了不同煤种和不同液化条件下煤的液化反应性能。该工艺的特点是将制备煤浆用的循环溶剂进行预加氢处理，以提高溶剂的供氢能力，同时可使煤液化反应在较缓和的条件下进行。但是，该工艺过程比较复杂。

(3) 美国的氢-煤工艺。由美国戴纳莱克特伦公司所属碳氢化合物研究公司于1973年开发，建有日处理煤600t的半工业装置。原理是借助高温和催化剂的作用，使煤在氢压下裂解成小分子的烃类液体燃料。与其他加氢液化法比较，氢煤法的特点是采用加压催化流化床反应器。

(4) 埃克森供氢溶剂法（EDS法）。这是美国埃克森研究和工程公司1976年开发的技术，原理是借助供氢溶剂的作用，在一定温度和压力下将煤加氢液化成液体燃料。

8.3.2 典型的间接液化工艺

煤间接液化工艺流程主要包括煤气化、气体净化、合成及产品分离与改质等部分。其中煤气化部分投资占总投资的70%～80%。同时，高选择性合成催化剂及与其相匹配的反应器的应用，对提高过程热效率、增加目的产品收率、改善经济效益起重要作用。煤间接液化技术具有下述特点：①使用一氧化碳和氢，故可以利用任何廉价的碳资源（如高硫、高灰劣质煤，也可利用钢铁厂中转炉、电炉的放空气体），如南非SASOL－Ⅱ，SASOL－Ⅲ工厂所用煤中灰分质量分数高达27%～31%；②可根据油品市场的需要调整产品结构，生产灵活性较强；③可以独立解决某一特定地区（无石油炼厂地区）各种油品（轻质燃料油、润滑油等）的要求，如费-托合成油工厂；④工艺过程中的各单元与石油炼制工业相似，有丰富的操作运行经验可借鉴。

8.3.2.1 费-托合成法

煤炭的间接液化法一般是指用费-托（Fischer-Tropsh，简称F-T）合成法把煤炭转化成液体燃料的方法。南非萨索尔公司用该方法进行煤炭液化的工业生产已经有30多年的生产经验，是一种成熟的煤炭间接液化方法。F-T法采用不黏或弱黏结烟煤、褐煤（块煤）为液化的原料，反应是一系列复杂的化学反应，可用系列方程来表述合成反应的总过程

$$nCO + 2nH_2 \longrightarrow C_nH_{2n} + nH_2O - \Delta h$$

$$C_nH_{2n} + H_2 \xrightarrow{\text{铁镍催化剂}} C_nH_{2n+2}$$

$$2nCO + nH_2 \xrightarrow{\text{铁催化剂}} C_nH_{2n} + nCO - \Delta h$$

$$C_nH_{2n} + H_2 \longrightarrow C_nH_{2n+2}$$

F-T合成法的主要工艺为，先通过煤的气化，制出以一氧化碳、氢气为主的混合煤气；再经过变换和净化，将煤气送入反应器，在催化剂作用下，生产出汽油及烃类产物。

F-T合成法的特点是：①合成条件较温和，无论是固定床、流化床还是浆态床，反应温度均低于350℃，反应压力2.0～3.0MPa；②合成气转化率高，如萨索尔公司SAS工艺采用熔铁催化剂，合成气的一次通过转化率达到60%以上，循环比为2.0时，总转化率即达90%左右。Shell公司的SMDS工艺采用钴基催化剂，转化率甚至更高；③受合成过程链增长转化机理的限制，目标产品的选择性相对较低，合成副产物较多，正构链烃的范围可从C1至C100；④随合成温度的降低，重烃类（如蜡油）产量增大，轻烃类（如CH_4，C_2H_4，C_2H_6等）产量减少；⑤有效产物（CH_2）的理论收率低，仅为43.75%，工艺废水的理论产量却高达56.25%；⑥煤消耗量大，如我国西部某间接液化项目，生产1t F-T产品，需消耗原料洗精煤3.3t左右（不计燃料煤）；⑦反应物均为气相，设备体积庞大，投资高，运行费用高；⑧煤基间接液化全部依赖于煤的气化，没有大规模气化便没有煤基间接液化。

8.3.2.2　甲醇转化法（Mobil法）

Mobil法的工艺与费-托法相类似，先把煤制成煤气，然后进行CO_2与H_2的合成。但Mobil法又与费-托法有所不同，它不合成烃类产品，而是先合成甲醇，再将甲醇加工转化成汽油。它并不是严格意义上的煤间接液化方法，因此，也可单独把甲醇的汽油化作为一个工艺。

Mobil法的流程如图8-5所示。

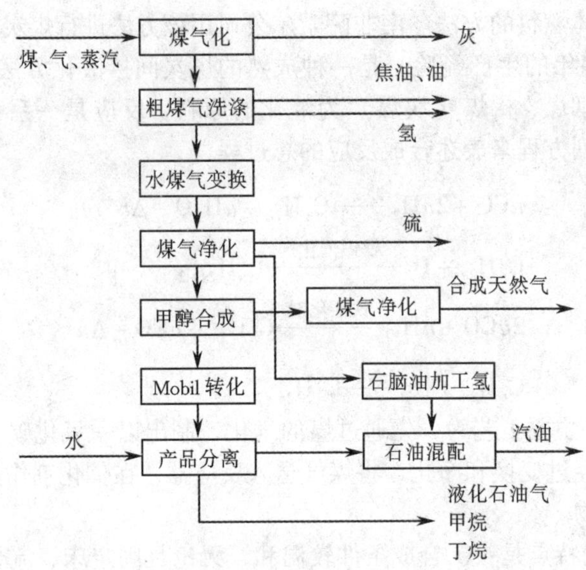

图 8-5 Mobil 法流程

8.4 我国煤炭液化发展前景

目前，我国煤炭液化尚处于示范阶段，待取得成功后才能推广。虽然国内对煤液化已有 20 多年的研究开发，但目前进行的工业化示范工程还需要由国外引进部分核心技术和关键设备。这一状态已完全不能适应当前和今后发展的形势，要尽快完成国内自主开发，形成具有国际先进水平的竞争能力，为产业化规模建设和生产提供成套成熟的先进工艺、技术和装备。

两种煤液化工艺的技术和经济分析表明，直接液化和间接液化之间不但不相互排斥，而且还有互补性，走直接液化和间接液化一体化的道路可能是煤制油产业化发展的最佳选择。

煤炭直接液化在世界上没有工业化先例，间接液化只有南非实现了工业化。煤直接液化对煤质的要求高于间接液化，但是煤直接液化路线相对简单，热效率高，液体产品收率也比较高。目前，我国在煤间接液化上仍处于中间试验阶段，中科院山西煤炭化学研究所形成了可建 16 万 t 工业示范工厂的技术，山东兖矿集团年产 100 万 t 的间接液化项目处于前期研究阶段。神华公司的煤直接液化项目（内蒙古鄂尔多斯）中试已经成功，成为世界首条投入商业化运营的煤炭直接液化生产项目。该煤炭直接液化生产线，目前年产油 108 万 t，实际生产能力能达到 500 万 t。近年来，中国很多地方都提出了发展煤制油的计划，但考虑到投资巨大，技术有待成熟，以及环境压力和国际油价波动风险，中国政府采取了谨慎的态度，决定前期主要完成煤炭液化的工业化示范，为以后的产业化发展奠定基础。“十一五”以来，本着“有序推进”的原则，我国先后批准了 7 个煤直接、间接液化制油示范项目，由神华集团、伊泰集团、兖州矿业集团、潞安矿业集团等煤炭业巨头实施。其中，神华集团煤直接制油项目还被定为国家能源安全战略的组成部分。

有专家预计，到 2020 年，中国的“煤制油”项目将形成年产 5000 万 t 油品的生产能力，加上届时将有年产 2000 万 t 的生物质油品投入使用，中国原油对外依赖程度有望从 60% 以上下降到 45% 以下。可见，从长远发展来看，煤炭液化制油产业存在良好的发展前景。

第 9 章　烟气净化技术

烟气净化技术是指根据燃煤烟气中有毒害气体及烟尘的物理、化学性质，对其中的污染物予以脱除、净化的技术。烟气净化技术可分为除尘、脱硫、脱硝三类。

9.1　烟气除尘技术

我国作为世界燃煤大国，其空气污染物主要来自于电力、钢铁、水泥、冶炼、化工等行业生产过程中煤的燃烧。据有关统计，我国烟尘排放量的 80%以上来自工业排放，而工业排放的 1/3 以上来自火电行业。煤燃烧后，其中的灰分一部分变成炉渣，另一部分则以飞灰的形式与烟气一起离开锅炉。

要解决环境污染问题，主要方法是脱除煤燃烧过程中产生的硫氧化物、氮氧化物及对烟气中各种成分、飞灰的过滤收集、除尘和再利用。烟气过滤不同于粉尘收集和除尘，因为烟气中有大量的有害成分及强腐蚀性成分，并且伴有高温和水汽等，造成对过滤单元的强烈侵蚀和损害。

为防止烟尘对环境的污染和对引风机的磨损，必须对其进行捕集，即除尘。目前采用的除尘设备主要有旋风除尘器、湿式除尘器、袋式除尘器和电除尘器四大类。

9.1.1　旋风除尘器

旋风除尘器是利用旋转的含尘气流所产生的离心力，将粉尘从气流中分离出来的除尘装置，其原理如图 9-1 所示。

旋风除尘器内气流与尘粒的运动概况是：旋转气流的绝大部分沿器壁自圆筒体呈螺旋状由上向下向圆锥体底部运动，形成下降的外旋含尘气流，在强烈旋转过程中所产生的离心力将密度远远大于气体的尘粒甩向器壁，尘粒一旦与器壁接触，便失去惯性力而靠入口速度的动量和自身的重力沿壁面下落进入集灰斗。旋转下降的气流在到达圆锥体底部后，沿除尘器的轴心部位转而向上，形成上升的内旋气流，并由除尘器的排气管排出。

目前使用的旋风除尘器主要有大直径旋风除尘器和多管旋风除尘器两种。其优点主要是设备结构简单、制造及安装费用低、维护管理方便等。旋风除尘器缺点是某些部件易磨损、除尘效率低。旋风除尘器一般用于捕集粒径 5 ~ 15μm 的颗粒，除尘效率可达 80% 以上；近年来经改进后的特制旋风除尘器，除尘效率可达 95% 以上。旋风除尘器的缺点是捕集粒径小于 5μm 的颗粒效率不高。

目前，旋风除尘器在我国的使用面很广。今后随着环保要求的日益提高，这种除尘器将会逐渐被取代。

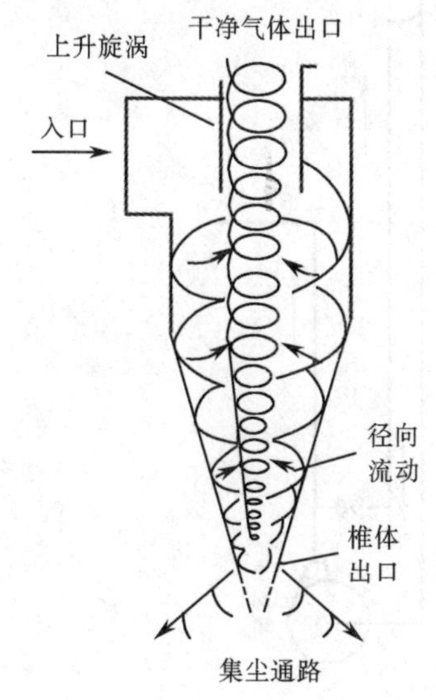

图 9-1　旋风除尘器原理

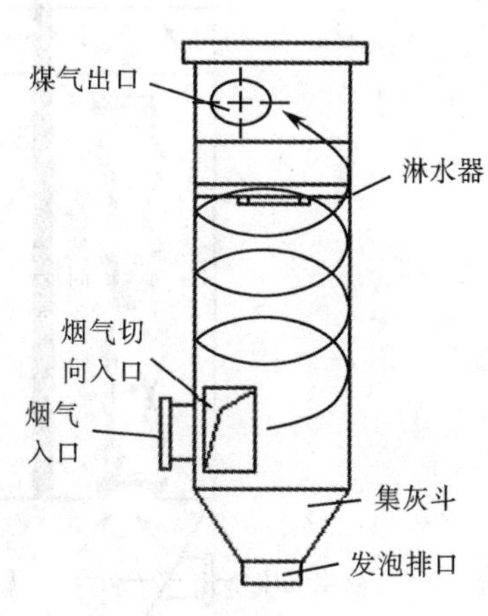

图 9-2　水膜除尘器原理

9.1.2　湿式除尘器

湿式除尘器的原理是：利用水或其他液体形成的液网、液膜或液滴与含水气体接触，借助于惯性碰撞、扩散、拦截、沉降等作用捕集尘粒，使气体得到净化。常用的湿式除尘器有水膜除尘器、斜棒栅除尘器和文丘里除尘器。使用最广泛的水膜除尘器结构如图 9-2 所示。

湿式除尘优点是：与电除尘器和布袋除尘器相比，湿式除尘可适用于它们不能适用的条件，如能够处理高温、高湿气流，高比电阻粉尘及易燃易爆的含尘气体。去除粉尘粒子的同时，还可去除气体中的水蒸气及某些气态污染物。既起除尘作用，又起到冷却、净化的作用。

湿式除尘缺点是：寒冷地区使用时，要采取防冻措施；不适用于净化含有憎水性和水硬性粉尘的气体；净化含有腐蚀性的气态污染物时，洗涤水具有一定程度的腐蚀性，要注意设备和管道防腐蚀问题。

9.1.3 袋式除尘器

袋式除尘器是通过过滤材料以及附着在过滤材料上的粉尘层的机械过滤作用而达到除尘目的的。从理论上讲，只要过滤材料的空隙足够细小，烟气中的任何粉尘都能被截留下来。袋式除尘器除尘原理如图 9-3 所示。

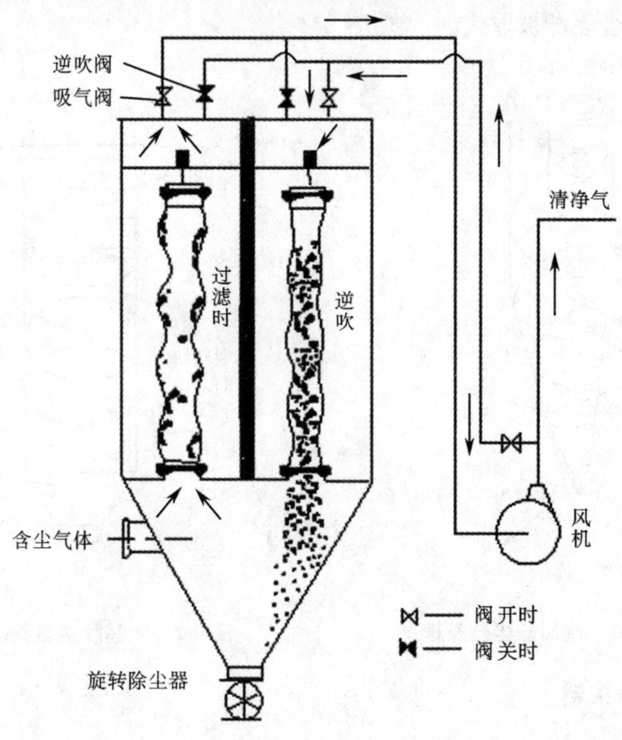

图 9-3　袋式除尘器原理

在烟气过滤净化中，过滤布袋的材质一般是由烟气温度来决定的。选用合适的纤维先制成针刺毡或机织布，再进一步加工成过滤布袋。我国习惯把烟气温度划分为如下 4 个区。

(1) 中低温段（<140℃），适用的纤维有聚丙烯纤维、聚酯纤维及均聚丙烯腈纤维等。

(2) 中高温段（140~200℃），适用的纤维有芳纶、聚苯硫醚玻璃纤维等。

(3) 高温段（200~300℃），适用的纤维有 P84 纤维、聚四氟乙烯及玻璃纤维等。

(4) 特殊高温段（>300℃），可选用的纤维有陶瓷纤维、碳纤维、高硅氧纤维及玄武岩纤维等。

袋式除尘器除尘效率高，可达到99%，颗粒直径大于0.3μm的尘粒都可捕获；结构简单，处理能力大，造价及运行费用低。缺点是工作过程中阻力损失大；对滤袋要求严格，滤袋易破损，寿命短。

9.1.4　电除尘器

电除尘器是利用高压静电场捕捉烟气中的粉尘，从而使烟气净化的装置。电除尘器的除尘过程分为气体电离、粉尘荷电、粉尘沉集和清灰4个步骤。

（1）气体电离，利用放电极周围的电晕现象使气体电离。

（2）粉尘荷电，离子在电场力的作用下定向运动，并与粉尘碰撞使粉尘荷电。

（3）粉尘沉集，荷电粒子在电场力的作用下，朝着与其电性相反的集尘极移动，达到集尘极时，颗粒上的电荷便与集尘极上电荷中和，粒子恢复电中性。

（4）清灰，气流中的颗粒在集尘极上连续沉积，厚度不断增大，最靠近集尘极的颗粒已把大部分电荷传导给极板，使极板与颗粒之间静电力减弱，颗粒有脱离极板的趋势。但由于颗粒层电阻的存在，外层颗粒没有失去电荷，其与极板间的静电力足以使靠近极板的非荷电颗粒被压在极板上，需用振打或其他清灰方式将这些颗粒层强制破坏，使其落入灰斗而去除。

20世纪末期，燃煤产生的烟气的过滤净化一般采用电除尘方法，但因电除尘法的局限性，实际应用中会有5%～10%的飞灰等物质无法收集，仍排放到大气中。

目前，我国电除尘器主要集中用在大中型电站锅炉的烟气除尘，今后随着环保要求的不断提高，电除尘器将得到进一步的推广和应用。

电除尘技术和袋式除尘技术的比较表明：电除尘技术和袋式除尘技术均能达到很高的除尘效率。电除尘技术的关键设备国产化率高，技术性能可靠，运行费用低。但是电除尘器很难捕集微细粉尘，采用袋式除尘器则微细粉尘很容易被收集。

近几年来，在燃煤烟气过滤中开始推广应用袋式过滤器。实践证明，用柔性纤维类针刺毡制成的过滤材料及元件是非常理想的烟气过滤介质。

9.2 氮氧化物主要危害及形成

9.2.1 氮氧化物主要危害

空气中含氮的氧化物有一氧化二氮（N_2O）、一氧化氮（NO）、二氧化氮（NO_2）、三氧化二氮（N_2O_3）等。主要成分是一氧化氮和二氧化氮，一般用 NO_x（氮氧化物）表示。NO_2 比 NO 的毒性高 4 倍，可引起肺损害，甚至造成肺水肿，慢性中毒可致气管、肺病变。人若吸入 NO，可引起变性血红蛋白的形成，并对中枢神经系统产生影响。据北京、上海、天津、沈阳、太原等地区的调查表明，这些城市的 SO_2 和 NO 重污染区内居民的慢性支气管炎、鼻炎、鼻咽炎患病率比轻污染区高 0.5~1 倍，个别城市甚至高达 2~3 倍。

NO_x 除直接危害人体健康外，还通过各种间接方式危害人体健康，破坏生态环境。NO_x 的最大危害是 NO_x 与碳氢化合物在强阳光作用下生成一种浅蓝色的有毒烟雾——光化学烟雾。这种以 O，PAN（过氧乙酰基硝酸酯）和 H_2SO_4 为主要成分的光化学烟雾对人的眼、鼻、心、肺及造血组织等均有强烈的刺激和损害作用，而且 PAN 还具有致癌作用。氧化亚氮（N_2O）在高空同温层中会破坏臭氧层，使较多的紫外线辐射到地面，增加皮肤癌的发病率，还可能影响人的免疫系统。此外，N_2O 吸收红外线的能力是 CO_2 的 2 倍以上，大气中的 N_2O 加剧了全球的温室效应。

NO_x 除了和 VOC 沸点（等于或低于 250℃的化学物质）发生光化学反应生成高浓度 O_3 外，还会在大气臭氧层与 O_3 反应消耗 O_3。众所周知，大气层上空 12~25km 范围内的臭氧层担当着吸收紫外线（240~320nm），使人类免受紫外线过度辐射伤害的作用。但是，目前局部大气臭氧层已被人类活动排放的 NO_x 等气体破坏，形成所谓的“臭氧洞”，并且“臭氧洞”的面积正在逐渐扩大，对人类自身安全造成越来越大的威胁，臭氧层破坏造成的紫外线过度辐射将引发人的眼睛疾病和皮肤癌。

SO_2 和 NO_x 在大气中和氧结合形成硫酸根和硝酸根离子，遇到水雾就会形成酸雨和酸雾，破坏植被，酸化土壤，酸化水域，造成水生和陆地生态失衡，加速岩石风化和金属腐蚀。由于氮氧化物排放没有得到有效控制，我国酸性降水中，硝酸根和硫酸根离子浓度比例已由 2000 年的 0.15：1 发展成为 2004 年的 0.20：1。一般将 pH 值小于 5.60 的降水称为酸雨，把年均降水 pH 值小于 5.60 的地区叫酸雨地区。目前，我国酸雨地区已达全国面积的 40% 左右。酸雨地区的城市有 44 个，占统计城市数的 47.8%；75% 的南方城市降水年均 pH

低于5.60，形势严峻。

9.2.2 氮氧化物形成方式

NO_x 形成方式有3种，即热力型 NO_x、瞬时反应型 NO_x 和燃料型 NO_x。

9.2.2.1 热力型 NO_x

热力型 NO_x，是燃烧时空气中的氮气和氧气在高温下氧化产生的 NO_x。

9.2.2.2 瞬时反应型 NO_x

瞬时反应型 NO_x，是碳氢燃料高温热分解时产生的CH自由基和空气中的氮反应生成HCN与N，它们再以极快的速度进一步和氧反应生成NO，反应时间约60ms，故称瞬时反应型 NO_x。这种 NO_x 是在高温下生成的，它的形成与燃烧室压力的1/2次方成正比。

9.2.2.3 燃料型 NO_x

燃料型 NO_x，是燃料中含氮有机物在燃烧过程中裂解产生的N，CN，HCN，NH_2 等中间产物经氧化生成，通常在600～800℃的温度下裂解生成。燃料型 NO_x 是煤燃烧中 NO_x 的主要来源，一般NO占90%。如果燃料中的氮能全部转化为 NO_x，燃料中氮的体积分数为0.1%，燃烧烟气中的 NO_x 的体积分数将是0.013%。

9.3 低氮氧化物燃烧技术

9.3.1 低氮氧化物燃烧技术定义

用改变燃烧条件的方法降低 NO_x 的排放，统称为低 NO_x 燃烧技术。在各种降低 NO_x 排放的技术中，低 NO_x 燃烧技术采用最广泛，应用相对简单，经济且有效。

9.3.2 低氮氧化物燃烧技术种类

9.3.2.1 低过量空气燃烧

低过量空气燃烧就是使燃烧过程在尽可能接近理论空气量的条件下进行。随烟气中过量氧的减少，可以抑制 NO_x 的生成。这是一种最简单的降低 NO_x 排放的方法。一般可以降低 NO_x 排放量15%～20%。但是如果炉内氧的体积分数过低（3%以下），则会造成 NO_x 浓度急剧增加，增加化学不完全燃烧热损失，引起飞灰含碳量增加，燃烧效率下降。因此在锅炉设计和运行时，应选取最合理的过量空气系数。

过量空气系数，也称“过剩空气系数”“空气过剩系数”，俗称“余气系数”，指实际供给燃料燃烧的空气量与理论空气量之比。过量空气系数是反映燃料与空气配合比的一个重要参数，常用符号“α”表示。其值可借气体分析仪进行测算。在各种炉子或燃烧室中，为了使燃料尽可能燃烧完全，实际供入的空气量总要大于理论空气量（其超出部分称为“过剩空气量”），这就是说过量空气系数必须大于1。但是燃烧理论与运行经验表明，风口过大或过小（表示送风量过多或过少）都对燃烧不利，也就是不同燃烧设备各有其最佳的过量空气系数值。一般认为，层燃炉和沸腾炉最佳的 α 值是1.3～1.6；固态排渣煤粉炉为1.2～1.25。

9.3.2.2 空气分级燃烧

空气分级燃烧的基本原理是将燃料的燃烧过程分阶段来完成。在第一阶段，把从主燃烧器供入炉膛的空气量减少到总燃烧空气量的70%～75%（相当于理论空气量的80%），使燃料先在缺氧的富燃料燃烧条件下燃烧。此时第一级燃烧区内过量空气系数 $\alpha<1$，因而降低了燃烧区内的燃烧速度和温度水平。所以，这样不但延迟了燃烧过程，而且在还原性气氛中降低了生成 NO_x 的反应率，抑制了 NO_x 在这一燃烧过程中的生成量。为了完成全部燃烧过程，完全燃烧需要的其余空气量则通过布置在主燃烧器上方的专门空气喷口 OFA（称为“火上风”喷口）送入炉膛，与第一级燃烧区在“贫氧燃烧”条件下产生的烟气混合，在 $\alpha>1$ 的条件下完成全部燃烧过程。由于整个燃烧过程所需要的空气是分两级供入炉内的，故称空气分级燃烧法。

这种方法弥补了简单的低过量空气燃烧技术的缺点。在第一级燃烧区内的过量空气系数越小，抑制 NO_x 生成的效果越好，但是不完全燃烧产物越多，导致燃烧效率降低，引起结渣和腐蚀的可能性越大。为保证既能减少 NO_x 的排放，又能保证锅炉燃烧的经济性和可靠性，必须正确组织空气分级燃烧过程。

若用空气分级燃烧方法改造现有煤粉炉，应对前墙或前后墙布置燃烧器的原有炉膛进行改装，把顶层燃烧器改做“火上风”喷口，使原来由顶层燃烧器送入炉膛的煤粉形成富燃料燃烧，从而抑制 NO_x 的生成，可降低 NO_x 排放量的15%～30%。新设计的锅炉可在燃烧器上方设“火上风"喷口。

9.3.2.3　燃料分级燃烧

在燃烧中已生成的NO遇到烃根CH_i和未完全燃烧产物CO，H_2，C和C_nH_m时，会发生NO的还原反应，反应式如下。

$$4NO + CH_4 = 2N_2 + CO_2 + 2H_2O$$

$$2NO + 2C_nH_m + (2n + m/2 - 1)O_2 = N_2 + 2nCO_2 + mH_2O$$

$$2NO + 2CO = N_2 + 2CO_2$$

$$2NO + 2C = N_2 + 2CO$$

$$2NO + 2H_2 = N_2 + 2H_2O$$

利用此原理，把80%～85%的燃料送入第一级燃烧区，在$\alpha > 1$的条件下，燃烧并生成NO_x。送入一级燃烧区的燃料称为一次燃料，其余15%～20%的燃料则在主燃烧器的上部送入二级燃烧区，在$\alpha < 1$的条件下形成很强的还原性气氛，使得在一级燃烧区中生成的NO_x在二级燃烧区内被还原成氮分子，二级燃烧区又称再燃区，送入二级燃烧区的燃料又称为二次燃料（或称再燃燃料）。在再燃区中不仅可使得已生成的NO_x得到还原，还可抑制新的NO_x的生成，可以使NO_x的排放浓度进一步降低下来。

一般，采用燃料分级可以使NO_x排放量降低50%以上。在再燃区的上面还需布置“火上风”喷口，形成第三级燃烧区（即燃尽区），以保证再燃区中生成的未完全燃烧产物能够燃尽。这种再燃烧法又称为燃料分级燃烧。

燃料分级燃烧时使用的二次燃料可以是与一次燃料相同的燃料，例如煤粉炉可以利用煤粉作为二次燃料。但是，目前煤粉炉更多地采用碳氢类气体或液体燃料作为二次燃料，这是因为和空气分级燃烧相比，燃料分级燃烧在炉膛内需要有三级燃烧区，此混合燃料和烟气在再燃区内的时间相对比较短，所以二次燃料宜于选用煤粉作为二次燃料，要采用高挥发分易燃的煤种，而且需要磨得更细。

采用燃料分级燃烧时，为有效降低NO_x的排放量，再燃区是关键。因此需要研究在再燃区中影响NO_x浓度值的因素。

9.3.2.4　烟气再循环

目前使用较多的技术还有烟气再循环法。它是在锅炉的空气预热器前抽取一部分低温度烟气直接送入炉内，或与一次风或二次风混合后再送入炉内，这样不但可降低燃烧温度，而且也降低了氧气的浓度，从而降低了NO_x的排放浓度。从空气预热器前抽取温度较低的烟气，通过再循环风机把抽取的烟气送入空气烟气混合器，和空气混合后一起送入炉内，再循环烟气量和不采用烟气再循环时的烟气量之比，称为烟气再循环率。

烟气再循环法降低 NO_x 排放的效果与燃料品种和烟气再循环率有关。经验表明，烟气再循环率为15% ~20%时，煤粉炉的 NO_x 排放量可降低25%左右。NO_x 的降低率随着烟气再循环率的增加而增加。而且与燃料种类和燃烧温度有关。燃烧的温度越高，烟气再循环率对 NO_x 降低率的影响越大。

电站锅炉烟气再循环率一般控制在10% ~20%。当采用更高的烟气再循环率时，燃烧就会不稳定，未完全燃烧热损失就会增加。另外，采用烟气再循环时需要加装再循环风机、烟道，还需要场地，增大投资，系统较为复杂。对原有设备进行改装时还会受到场地的限制。

烟气再循环法可以在一台锅炉上单独使用，也可以与其他低 NO_x 燃烧技术配合使用，可以用于降低主燃烧器空气的浓度，也可以用于输送二次燃料。具体采用时，需要进行技术经济比较。

9.3.2.5 低 NO_x 燃烧器

煤粉燃烧器是锅炉燃烧系统中的关键设备。不但煤粉是通过燃烧器送入炉膛的，而且煤粉燃烧需要的空气也是通过燃烧器进入炉膛的。从燃烧方面看，燃烧器的性能对煤粉燃烧设备的可靠性和经济性起着主要作用。从 NO_x 的生成机理看，占 NO_x 绝大部分的燃料型 NO_x 是在煤粉的着火阶段生成的，所以，通过特殊设计的燃烧器结构以及通过改变燃烧器的风煤比例，可以把前述的空气分级、燃料分级和烟气再循环降低 NO_x 浓度的大批量技术用于燃烧器，以尽可能地降低着火区氧的浓度。通过适当降低着火区的温度达到最大限度地抑制 NO_x 生成，这就是使用低 NO_x 燃烧器的目的。低 NO_x 燃烧器得到了广泛的开发和应用，世界各国的大锅炉公司，为使其锅炉产品满足日益严格的 NO_x 排放标准，分别开发了不同类型的低 NO_x 燃烧器，使 NO_x 降低率在30% ~60%。

9.3.2.6 煤粉炉的低 NO_x 燃烧系统

为更好地降低 NO_x 的排放量和减少飞灰含碳量，很多公司把低 NO_x 燃烧器和炉膛低 NO_x 燃烧（空气分级、燃料分级和烟气再循环）等组合在一起，构成一个低 NO_x 燃烧系统。

9.3.2.7 液态排渣炉低 NO_x 燃烧

目前旋风炉、切向燃烧液态炉及“U”型火焰液态炉等设备仍在大量运行。现代化的大型液态排渣炉主要是采用“U”型火焰燃烧方式。在不采取降低 NO_x 的措施时，其 NO_x 排放值一般都超过2000mg/Nm^3，近年电站煤粉炉多倾向于固态排渣炉。其降低 NO_x 的主要措施有以下几方面。

（1）采用“WS”型低 NO_x 燃烧器，并采用再循环烟气和一次风或二次风混合以使着火区成为富燃料燃烧区，可以使 NO_x 降低25%。

（2）增设三次风。当采用烟气再循环并取三次风份额为20%时，锅炉的 NO_x 排放量可以降到1000mg/Nm^3 以下。

（3）使用细颗粒煤粉。

9.3.2.8 层燃炉降低 NO_x 排放的方法

我国使用最普遍的层燃炉是链条炉。链条炉燃料层燃烧过程中本身存在着类似于空气分级燃烧的特点，其 NO_x 排放量比煤粉炉要低得多，在450mg/Nm^3以下。可以采用适用于煤粉炉的低 NO_x 燃烧技术。如果采用低过量空气系数，可使 NO_x 排放量降低20%。如果在除尘器后把再循环烟气引入炉膛内，可使 NO_x 排放量降低20%。若采用燃料分级燃烧，可使 NO_x 排放量降低50%。

9.4 煤炭中硫的危害性及煤炭脱硫技术

9.4.1 煤炭中硫的危害性

我国的煤炭资源平均含硫量偏高，其中全硫含量大于2%的高硫煤储量约占煤炭总储量的1/3，在采出的煤炭中约占1/6。目前我国煤炭行业规定，煤炭含硫量大于3%的属于高硫煤。

煤炭中的硫分虽然很少，但危害却很大：其一，煤炭储存时，分布在煤炭（主要是黄铁矿）中的硫对煤炭的自燃起一定的促进作用；其二，炼焦时，部分硫存留在焦炭里，严重影响焦炭质量，对冶炼来说，其危害性约为灰分的10倍；其三，用于合成氨制造半水煤气时，由于煤气中硫化氢等气体较多不易脱除完全，会使合成催化剂因毒化而失败，影响正常生产；其四，特别是煤炭作动力燃料时危害更严重。据有关资料统计，我国约85%的煤炭用于直接燃烧，每年多达10亿 t 以上，主要是发电、工业和民用，燃烧产生的排放物（包括烟尘，SO_2，NO_x，CO_2）成为我国大气污染的主要来源。近年全国环保资料表明，全年 SO_2 排放量多于2370万 t，烟尘排放量1744万 t 或更多。据测算，在我国大气中，约90%的 SO_2，85%的 CO_2，60%的 NO_x 和70%的烟尘都来自煤炭燃料。尤其是燃煤排放的大量 SO_2 是造成酸雨地区面积不断扩大的主要因素。因此，保护环境，减少污染，当前应以减排 SO_2 为洁净煤技术解决的重点。同时，黄铁矿还是化学工业的重要原料，我国生产硫酸成本费用高，可从煤炭中回收黄铁矿，进行综合利用，使其变废为宝，化害为利。

随着人们环境保护意识的增强，对于加工利用的煤炭中全硫含量要求越来越严格，我国已把煤炭脱硫列为洁净煤技术的研究项目。解决煤炭脱硫问题具有重大现实意义，国内外均高度重视。

9.4.2 煤炭脱硫技术

脱硫方法一般可划分为燃烧前脱硫、燃烧中脱硫和燃烧后脱硫三类。

9.4.2.1 燃烧前脱硫

这类脱硫主要为煤炭洗选脱硫，即在燃烧前对煤进行净化，去除原煤中灰分和部分硫。它分为物理法、化学法和微生物法等。

（1）物理法。主要指重力选煤，利用煤中有机质和硫铁矿的密度差异而使它们分离。该法的影响因素主要有煤的破碎粒度和硫的状态等。其主要方法有跳汰选煤、重介质选煤、风力选煤（见第3章）等。

（2）化学法。可分为物理化学法和纯化学法。物理化学法即浮选法（见第3章）；化学法又包括碱法脱硫、气体脱硫、热解与氢化脱硫、氧化法脱硫等。

利用化学氧化剂和煤在一定条件下反应，把煤中的硫分转化为溶于酸或水的组分，这类基于氧化反应的脱硫方法称为化学氧化脱硫技术。其具体方法有数十种之多。此处重点介绍过氧化氢与醋酸混合物氧化法，这是一种很有前景的脱除煤中有机硫的方法。

其方法要点如下：把煤破碎到一定粒度（小于0.25mm），与醋酸和过氧化氢的混合液（体积比是3∶1）在一定温度（20～104℃）下反应，经过一段时间相互作用后，过滤分离出煤，经水洗、干燥得到脱硫煤。

脱硫原理是：过氧化氢与醋酸混合发生反应，生成过氧醋酸。在酸性溶液中，过氧醋酸进行质子化，产生质子化的过氧醋酸，后者分解产生氢氧正离子（OH^+），OH^+具有极强的亲电子性，可选择地与煤中的负电荷反应。煤中硫原子常以负二价存在，这类硫原子含有两个孤电子对，负电性很强，可与OH^+离子反应，使煤中的硫醇硫、硫化物硫及噻吩硫部分被氧化为可溶形态，煤中黄铁矿硫被OH^+氧化为硫酸盐和甲基磺酸，从而达到脱除有机硫和无机硫的目的。

主要反应

$$CH_3COOH + H_2O_2 \longrightarrow CH_3COOOH + H_2O$$

$$CH_3COOOH + H^+ \longrightarrow CH_3COOH + OH^+$$

$$\text{煤中有机硫} + OH^+ \longrightarrow \text{可溶性的有机硫化合物}$$

美国南伊利诺州大学对两种高硫煤样用该法进行脱硫试验。其煤样的全硫含量分别是4.4%和3.8%，有机硫含量分别是3.1%和2.0%。经选择氧化脱硫后，全硫含量分别降至1.3%和1.2%，脱硫时，在104℃下处理60min。可见此法可脱除有机硫。并且反应温度不高，时间不长。

(3) 微生物法。是将细菌浸出金属应用于煤炭工业的一项生物工程新技术，可脱除煤中的有机硫和无机硫。它也有多种方法。微生物脱硫是把煤粉悬浮在含细菌的气泡液中，细菌产生的酶能促进硫氧化成硫酸盐，从而达到脱硫的目的。微生物脱硫目前常用的脱硫细菌有：氧化亚铁硫杆菌、氧化硫杆菌、古细菌、热硫化叶菌等。

9.4.2.2 燃烧中脱硫（又称炉内脱硫）

煤中的硫有4种存在形态，即黄铁矿硫（FeS_2）、硫酸盐矿（$CaSO_4 \cdot 2H_2O$，$FeSO_4 \cdot 2H_2O$）、有机硫（$C_xH_yS_z$）和元素硫。其中黄铁矿硫、有机硫和元素硫占煤中硫分的90%以上，是可燃硫。

煤在燃烧过程中，所有的可燃硫都在受热过程中从煤中释放出来。在氧化气氛中，所有的可燃硫会被氧化生成SO_2。在炉膛的高温条件下存在氧原子或在受热面上有催化剂时，部分SO_2会转化成SO_3。通常生成的SO_3只占SO_x的0.5%～2%，相当于1%～2%的煤中硫分以SO_3的形式排放出来。烟气中的水分会与SO_3反应生成硫酸（H_2SO_4）气体。

在煤燃烧过程中，可燃硫及可燃硫化合物被氧化生成SO_2。

黄铁矿在氧化气氛中发生如下反应

$$4FeS_2 + 11O_2 \longrightarrow 2Fe_2O_3 + 8SO_2$$

煤中有机硫的主要存在形式是硫茂，约占有机硫的60%，此外有机硫还包括硫醇（R—SH）、二硫化物（R—SS—R）和硫醚（R—S—R）等几种形式。煤在加热释放挥发分时，硫醇、硫化物等在低温（<450℃）时开始分解，而硫茂在930℃时才开始分解。在氧化气氛下，生成SO_2，反应式

$$RSH + O_2 \longrightarrow RS + HO_2$$

$$RS + O_2 \longrightarrow R + SO_2$$

在硫化物的火焰中存在元素硫，纯硫蒸气分子是聚合的，分子式是S_8。S_8氧化反应

$$S_8 \longrightarrow S_7 + S$$

$$S + O_2 \longrightarrow SO + O$$

$$S_8 + O \longrightarrow SO + S + S_6$$

$$SO + O_2 \longrightarrow SO_2 + O$$

$$SO + O \longrightarrow SO_2$$

另外，反应过程中还存在其他形式的硫化物，在氧化气氛中，都能产生SO_2。

在过量空气系数大于1的情况下，煤完全燃烧时，大约有0.5%～2.0%的SO_3生成，其反应式

$$2SO_2 + O_2 \rightleftharpoons 2SO_3$$

燃烧中脱硫的方法主要是，在煤燃烧过程中加入石灰石或白云石作脱硫剂，碳酸钙、碳酸镁受热分解成氧化钙、氧化镁，与烟气中二氧化硫反应生成硫酸盐，随灰分排出。

如用$CaCO_3$作脱硫剂，其脱硫的基本原理

$$CaCO_3 \longrightarrow CaO + CO_2$$

$$CaO + SO_2 \longrightarrow CaSO_3$$

$$CaSO_3 + \frac{1}{2}O_2 \longrightarrow CaSO_4$$

碳酸镁作脱硫剂基本原理与上面过程类似。

9.4.2.3 燃烧后脱硫

燃烧后脱硫又称烟气脱硫（FGD）。烟气脱硫的基本原理是酸碱中和反应。烟气中的二氧化硫是酸性物质，通过和碱性物质发生反应，生成亚硫酸盐或硫酸盐，就可把烟气中的二氧化硫脱除。燃煤的烟气脱硫技术是当前应用最广、效率最高的脱硫技术。对燃煤电厂而言，在今后一个相当长的时期内，FGD将是控制SO_2排放的主要方法。

烟气脱硫时，最常用的碱性物质是石灰石、生石灰和熟石灰，也可以采用氨和海水等其他碱性物质。其方法共分为湿法烟气脱硫技术、干法烟气脱硫技术和半干法烟气脱硫技术3类。

在FGD技术中，按脱硫剂的种类可以划分为以下5种方法：以$CaCO_3$（石灰石）为基础的钙法、以MgO为基础的镁法、以Na_2SO_3为基础的钠法、

以 NH_3 为基础的氨法以及以有机碱为基础的有机碱法。世界上普遍使用的商业化技术是钙法，其所占比例在90%以上。按吸收剂及脱硫产物在脱硫过程中的干湿状态又可以把脱硫技术分为湿法脱硫、干法脱硫和半干（半湿）法脱硫。

现简单介绍如下几种技术方法。

（1）湿法烟气脱硫。该技术是用含有吸收剂的溶液或浆液在湿状态下脱硫和处理脱硫产物。湿法吸收剂是液体或浆液，因而该法是气液反应，所以反应速度快，效率高，脱硫剂利用率高。该法的主要缺点是脱硫废水产生二次污染；系统中设备易结垢，腐蚀；脱硫设备初期投资费用大；运行费用较高等。

① 石灰石-石膏法烟气脱硫。此技术用石灰石浆液作为脱硫剂，在吸收塔内对烟气进行喷淋洗涤，使烟气中的二氧化硫反应生成亚硫酸钙，同时向吸收塔中的浆液中鼓入空气，迫使亚硫酸钙转化为硫酸钙，脱硫剂的副产品是石膏。该系统包括烟气换热系统、吸收塔脱硫系统、脱硫剂浆液制备系统、石膏脱水和废水处理系统。石灰石价格便宜，运输和保存容易，成为湿法烟气脱硫工艺中的主要脱硫剂，石灰石-石膏法烟气脱硫技术成为优先选择的湿法烟气脱硫工艺。该法脱硫效率高（大于95%），工作可靠性高，但容易堵塞腐蚀设备，脱硫废水较难处理。

② 氨法烟气脱硫。用氨水作为脱硫吸收剂，氨水与烟气在吸收塔中接触混合，烟气中的二氧化硫和氨水反应生成亚硫酸氨，氧化后生成硫酸氨溶液，经结晶、脱水、干燥后就可制得硫酸氨（肥料，还有其他用途）。该法的反应速度比石灰石-石膏法快得多，而且不存在结垢和堵塞现象，因而是一种较出色的方法。

此外，湿法烟气脱硫技术中还有双碱脱硫法和海水烟气脱硫法等，应根据吸收剂的来源、当地的具体情况和副产品的销路等实际选用。

（2）干法脱硫。干法脱硫技术的脱硫吸收和产物处理都在干状态下进行，此法具有无污水废酸排出、设备腐蚀程度较轻、烟气在净化过程中没有明显降温、净化后烟气温度高、有利于烟囱排气扩散、二次污染少等优点，但是存在脱硫效率低下、反应速度较慢、设备庞大等问题。该法使用粉状、粒状吸收剂、吸附剂或催化剂去除废气中的 SO_2。干法的最大优点是治理中无废水、废酸排出，减少了二次污染；缺点是脱硫效率低，设备庞大，操作要求高。

干法脱硫中的简易干式脱硫法，是把石灰石粉直接吹入炉内，通过设在空气加热器与除尘器之间的喷雾冷却使烟气脱硫，脱硫率可达70%～80%。SO_2 的去除大部分是在喷雾冷却器中完成的。虽然脱硫反应是在除尘器之间进行的，但也必须注意要让水分冷凝在除尘器内。本脱硫方法需要费用低，操作管理简单，对发展中国家是一种重要的脱硫方法。

（3）半干法烟气脱硫。半干法脱硫技术是指脱硫剂在干燥状态下脱硫而在湿状态下再生（如水洗活性炭再生流程），或者在湿状态下脱硫而在干状态下处理脱硫产物（如喷雾干燥法）的烟气脱硫技术。特别是在湿状态下脱硫、在干状态下处理脱硫产物的这种半干法，因为既有湿法脱硫反应速度快、脱硫效率高的优点，又有干法无污水、废酸排出，脱硫后产物易于处理的优势，受到人们广泛的关注。

这里介绍旋转喷雾干燥法。该法是美国和丹麦联合研制出的工艺。该法和烟气脱硫工艺相比，具有设备简单，投资和运行费用低，占地面积小等特点，烟气脱硫率达 75% ~90% 。

该法利用喷雾干燥的原理，使吸收剂浆液雾化喷入吸收塔。在吸收塔内，吸收剂在与烟气中的二氧化硫发生化学反应的同时，吸收烟气中的热量使吸收剂中的水分蒸发干燥，完成脱硫反应，废渣以干态形式排出。该法有 4 个步骤：吸收剂的制备；吸收剂浆液雾化；雾粒与烟气混合，吸收二氧化硫并被干燥；脱硫废渣排出。该法一般用生石灰作吸收剂。生石灰经熟化成为具有良好反应能力的熟石灰，熟石灰浆液经高达 15000 ~20000r/min 的高速旋转雾化器喷射成均匀的雾滴，雾粒直径可小于 100μm，具有很大的表面积，雾滴一旦与烟气接触，便发生强烈的热交换和化学反应，迅速地将大部分水分蒸发，产生含水很少的固体废渣。

根据对脱硫生成物是否应用，脱硫方法尚可分为抛弃法和回收法两种。

抛弃法是将脱硫生成物当作固体废物抛弃掉，该法处理方法简单，处理成本低，因此在美国、德国等采用抛弃法的很多。但是抛弃法不仅浪费了可利用的硫资源，而且也不能彻底解决环境污染问题，只是把污染物从大气中移到了固体废物中，不可避免地引起二次污染。为解决抛弃法中产生的大量固体废物，还需要占用大量的处置场地。因此，该法不适于我国国情，不宜大量使用。

回收法是采用一定的方法把废气中的硫加以回收，转变为有实际应用价值的副产品。该法可综合利用硫资源，避免固体废物的二次污染，大大减少处置场地，并且回收的副产品还可创造一定的经济效益，使脱硫费用有所降低。但到目前为止，在已发展应用的所有回收法中，其脱硫费用大多高于抛弃法，而且所得副产品的应用及销路也都存在着很大的限制。特别是对低浓度 SO_2 烟气的治理，需要庞大的脱硫装置，对治理系统的材料要求也较高，因此在技术上和经济效益上还存在一定的困难。鉴于环境保护的需要，从长远观点考虑，我国应该以发展回收法为主。

第10章 煤层气

10.1 煤层气特征

10.1.1 煤层气

含煤岩系中有机质在成煤过程中，所生成的以甲烷为主的天然气叫煤成气。基本上未运移出煤层，以吸附、游离状态赋存于煤层及其围岩中的煤成气叫煤层气。煤层气又称煤层甲烷。煤层气是一种非常规天然气，在煤矿生产中俗称瓦斯。瓦斯经常与矿井灾害相联系（如瓦斯爆炸），从能源利用的角度出发称为煤层气和煤层甲烷更合适。

10.1.2 煤层气的组成

煤层气是甲烷为主的气体，甲烷体积分数一般在90%以上，最多可达99%。其次有乙烷、二氧化碳和氮，丙烷和重烷烃含量很少。还可含微量的惰性气体，如氩、氦。

10.1.3 煤层气特征

煤层气是一种非常规天然气。与常规天然气相比，煤层气在组成、赋存状态和成因方面有如下特征。

（1）煤层气的成分以甲烷占绝对优势，二氧化碳体积分数一般不超过10%，重烃成分很少。

（2）常规天然气呈游离状态赋存于孔隙直径相对较大的砂岩储层中。煤层气大部分则呈吸附状态赋存于煤的微孔或割理、裂隙中，呈游离状态存在者较少。

（3）煤层气生产于煤层本身，具有自生自储的特征。而常规天然气来源广泛，可来自黑色页岩、碳酸盐岩、煤、炭质页岩和油页岩等。生气母质不限于高等植物，还包括低等植物和动物遗体等。

10.1.4 煤层气分类

煤层气按其成因类型可以分为：生物成因气和热成因气，它们都是煤化作用要经历的过程。

10.1.4.1 生物成因气

生物成因气是有机质在微生物降解作用下的产物，一般是在小于50℃条件下，通过细菌的参与或作用，在煤层中生成的以甲烷为主的气体。

10.1.4.2 热成因气

热成因气是指在温度大于50℃和压力作用下，煤有机质发生一系列物理、化学变化，煤中大量含氢和氧的挥发分物质主要以甲烷、二氧化碳和水的形式释放出来。

10.1.5 煤层气的危害及利用价值

煤层气一直以来被看做对煤矿开采造成严重安全威胁的有害气体，在煤炭开采史中，由于煤层气导致了多起瓦斯、煤尘爆炸事故和煤与瓦斯的突出事故。煤层气的主要成分甲烷是具有强烈温室效应的气体，其温室效应要比二氧化碳大20倍，散发到大气中的甲烷污染环境，导致气候异常，同时大气中的甲烷消耗平流层中的臭氧，而臭氧减少使照射到地球上的紫外线增加、形成烟雾，还可诱发某些疾病，危害人类健康。

另一方面，甲烷作为煤层气的主要成分，其常温下的发热量为3.43～3.71MJ/Nm^3，其热值与天然气相当，是一种高效、洁净的非常规天然气，可以用做民用燃料，也可以用于发电和汽车燃料，还是化工产品的上等原料，具有很高的经济价值，应加以回收利用。图10-1可用来说明煤层气的利弊。

10.2 煤层气开发方法

目前煤层气开发主要有地面钻井采气和煤矿井下抽放两种方式。美国是最早对煤层气进行开发的国家，其钻井采气技术最为先进，在2003年其煤层气的年产量就达450亿m^3。其他国家也大都采用钻井采气技术。我国从“六五”开始地面钻井探采煤层气，至今试验矿区已达十余个，山西柳林煤田打出了工业气流。

我国一些高煤层气煤层的埋藏深度一般较大，因而上覆岩系的静压力和地质构造运动的动压力较大，煤层的孔隙度和渗透率均较低。在这样的地区采用

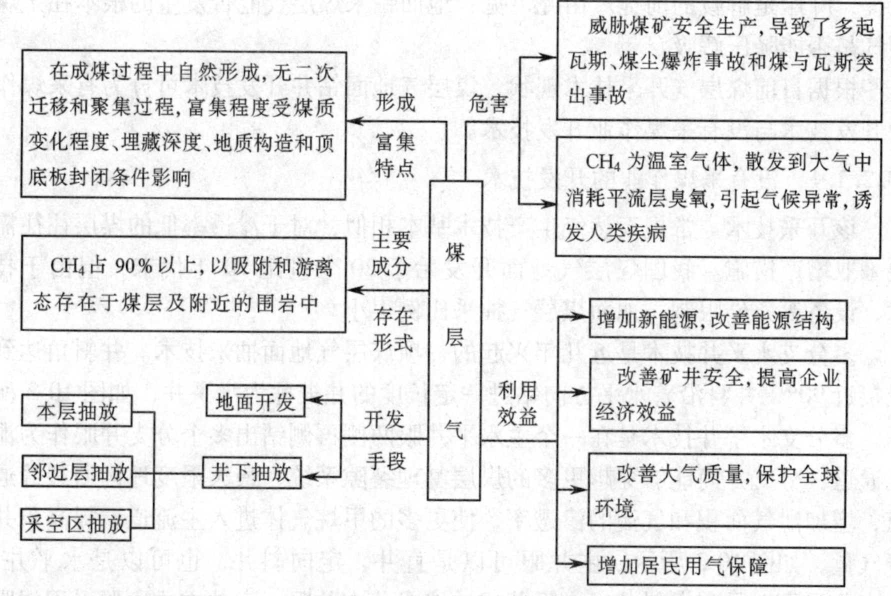

图10-1 煤层气的生成、危害和开发利用技术及其综合效益

钻井采气开发煤层气时，需应用人工压裂等复杂技术提高煤层渗透率，增加了开采难度。而美国的煤层埋藏一般较浅，而且地质构造相对简单，没有经受较大的动静压力作用，煤层的孔隙度和渗透率较高。

在我国也有部分煤田沉降幅度小，后期改造弱，煤层渗透率较高。此外，由于岩浆活动等原因亦有可能造成某些煤田或井田的煤层具有较高的渗透率，从而适应于地面钻孔采气。如抚顺煤田的渗透率为1.0mD左右，而且煤层埋藏浅，煤层气含量高。这是由于岩浆活动提高了煤的变质程度而形成大量甲烷，这些甲烷又受到煤系地层上覆的厚层油页岩保护，煤田未经历大幅度的沉降运动，渗透率较高，是适用于地面钻孔采气的良好气田。在铁法煤田的大兴井田和阜新煤田的王营子井田，由于岩浆活动作用，由岩浆岩墙、岩床冷凝而成的内生裂隙和天然焦多孔、多裂隙造成煤层具有很高的渗透率，这里也是适用钻孔采气技术的地区。

10.2.1 煤层气地面钻井开发技术

煤层气地面钻井开采就是利用垂直井或定向井技术来开采原始储层中的煤层气资源。地面钻采煤层气的机理是：当储层压力降低到临界解吸压力以下时，甲烷气体从煤基质微孔隙内表面解吸出来；由于瓦斯浓度差异而发生扩散到煤的裂隙系统，最后以达西流形式流到井筒。解吸是煤层气进行地面钻采的前提，降压是解吸的前提。由此可见：地面钻采煤层气能否发生的根本在于煤层气是否能降压解吸。

根据目前煤层气开采技术现状，煤层气地面钻井开发技术可分为有采煤作业开发技术与没有采煤作业开发技术。

10.2.1.1　没有采煤作业的开发技术

该开采技术与常规天然气生产技术基本相似，对于渗透率低的煤层往往需要采取增产措施。我国煤层气地面开发始于20个世纪70年代末，但由于技术、设备等条件限制，地面煤层气抽采比例很小。

多分支水平井技术是近几年兴起的一项煤层气地面抽采技术。井斜角达到或接近90°，井身沿着水平方向钻进一定长度的井被称为水平井，如图10-2所示。多分支水平井技术是在一个主水平井眼两侧再侧钻出多个分支井眼作为泄气通道，分支井筒能够穿越更多的煤层割理裂隙系统，最大限度地沟通裂缝通道，增加泄气面积和气流的渗透率，使更多的甲烷气体进入主流道，提高单井产气量，如图10-3所示。主井眼可以是直井、定向斜井，也可以是水平井。分支井眼可以是定向斜井、水平井或波浪式分支井眼。完井方式主要采用裸眼完井，直接投产。

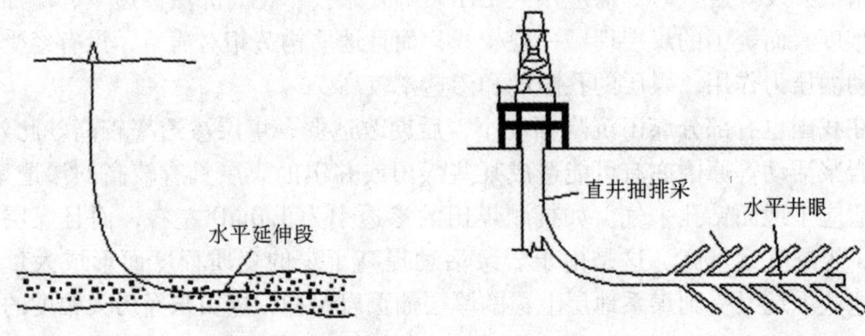

图10-2　水平井　　　　图10-3　多分支水平井结构

结合我国煤层气特点，有两种井身结构，一种是在主水平井内下水泵直接抽排水采气，其布置方式如图10-3所示；另一种是需要另钻直井抽排水，如图10-4所示。此处重点介绍后一种布置方式。如图10-4所示，大直径井眼（一般直径为215.9mm）钻进到一定位置时，在煤层顶部下技术套管（直径一般为177.8mm），并注入水泥固井；采用小曲率半径造斜进入煤层，并在煤层中钻500~1000m长的主水平井眼；然后在水平井眼两侧不同位置交替钻出4~6个长度为300~600m的水平分支井眼，其与主水平井眼成45°夹角；最后在距水平井井口100m处钻进1口垂直井，并与主水平井眼在煤层内贯通，用于排水降压采气。

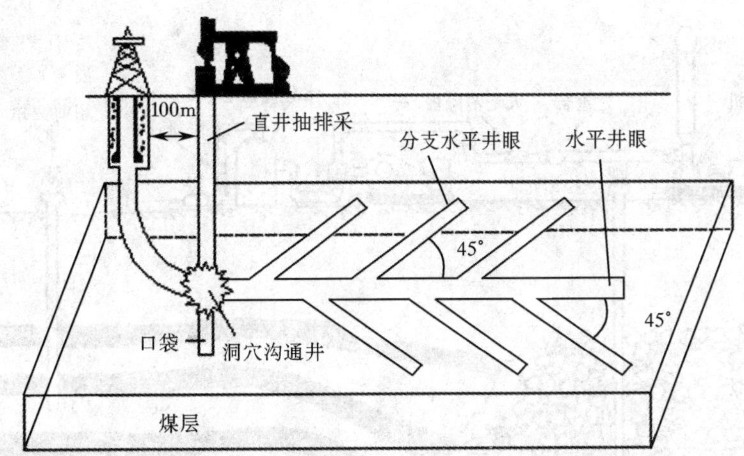

图10-4 多分支水平井结构（另钻直井抽排水）

多分支水平井技术是钻井、完井、增产的一项综合技术，特别适合于开采低渗透储层的煤层气。其主要优点有：控制面积大，一口多分支水平井可控制4km^{2}左右面积；单井产量高，可增加有效供给范围，提高导流能力；采出率高，3~5年采出率可达70%以上；井场占地面积小；环境影响小；地面集输设施少等。山西沁水盆地实施的3口多分支水平井，获得良好效果。

多分支水平井技术是一项复杂的系统工程，目前在中国煤层气领域还处在研究和试验阶段，尚未形成一系列成熟的工艺与技术。只有将国内现有的定向井、分支井、水平井钻井技术、井眼轨迹精确控制技术和煤储层保护技术进行整合，吸收国外的先进技术和管理经验，并进行实际工程研究和试验，将各种技术进行优化组合，逐步积累经验，不断地完善，最终才能形成一整套适合于中国煤层气地质特征的多分支水平井技术。

10.2.1.2 有采煤作业的开发技术

该项技术的采气与采煤密切相关，特别是采用地面钻孔抽采空区煤层气时，由于采煤时引起上覆煤层和岩层下沉和断裂，采空区上方岩石冒落，压力释放，透气性大大增加，瓦斯大量解吸并聚集于采空区，抽气容易，不需要进行煤层压裂处理。有采煤作业的煤层气生产系统如图10-5所示。当采煤工作面向超前钻孔推进时，煤层卸压而产生裂隙，由此造成围岩碎裂形成采空区，煤层和周围地层中的瓦斯通过裂隙进入采空区。在初始阶段，采空区可以抽出近乎纯甲烷的气体，通过严格的管理和监测，采空区井也可以长期生产高浓度甲烷气体。有采煤作业的煤层气生产方式在我国的淮南、铁法等矿区都有试验，并且取得了很好的效果。

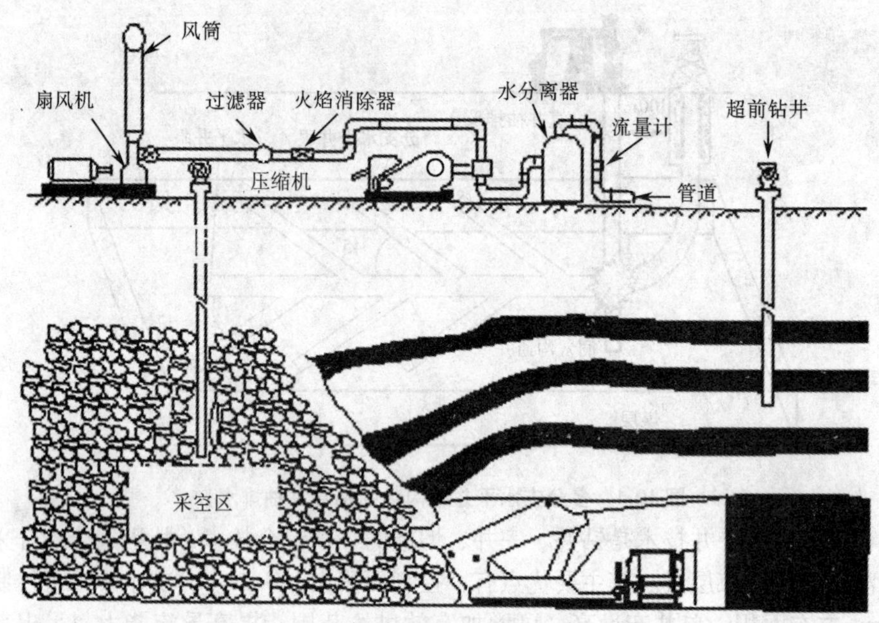

图 10-5 煤层气生产系统

煤层气地面开采技术主要包括钻井、完井、压裂采气和地面集气处理系统。

(1) 钻井。在选择钻井技术时，必须考虑煤田地质条件和储气层条件。当煤层气井田煤层埋藏较浅（小于 1200m），地质年代老，地层较完整，一般采用较简单钻井技术。反之，采气煤层埋藏深，地质年代新，地层不完整，常采用复杂的钻井技术。

在美国黑勇士盆地通常采用冲击回转技术（不用普通回转钻进技术），利用空气或空气泡沫作为循环介质来钻进煤层气井。图 10-6 表示普通回转钻探技术与冲击回转技术的差别。冲击回转钻进已成为黑勇士盆地的标准技术。因为它与普通回转钻进相比钻速高，成本低。此外，由于冲击回转钻进不使用泥浆，其对地层的污染最小。而普通回转钻进使用泥浆排屑，泥浆容易污染煤层，堵塞产气通道，影响产气量，有时甚至造成煤层气井报废。

黑勇士盆地北端地表岩层坚硬，煤层甲烷井通常自上而下全用冲击回转钻进技术。在该地区用三牙轮回转钻头，钻头钻速较低，因为在浅层时不能给钻头施加足够的钻压。

而在该盆地南端，从地表到 150m 深处常遇到较软的白垩纪地层，开孔必

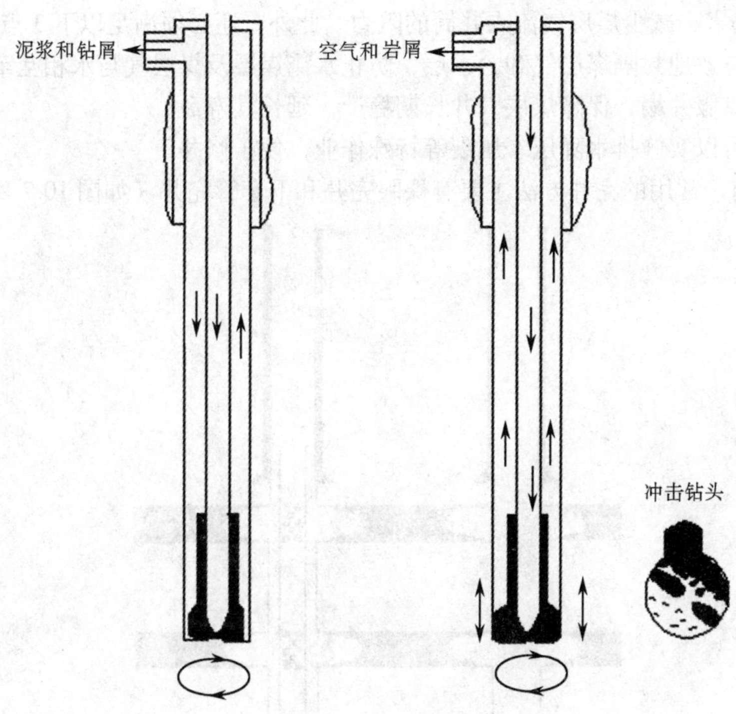

图 10-6 冲击回转钻进技术与普通回转钻进技术差别

须用三牙轮回转钻头钻进，并且要用钻井液（通常用水）来防止井壁坍塌。在钻穿白垩纪地层并向下进入表层套管后，可换成冲击回转钻以便在较硬地层中获得较高的钻速。

该盆地的大多数煤层都是水饱和、低压、低渗透性岩层。在该盆地的一些地方钻进时几乎没有地层水能进入钻井，空气循环不仅可以有效地清除钻屑，而且可以排除产出水。此外，采用水与液体肥皂的混合物添加到压缩空气中以提高携带钻屑、清洗钻头的能力。

多数情况下，用空气锤式冲击钻头钻进硬岩能获得最高的钻速，但是用三牙轮钻头钻进，若钻头遇特别坚硬的岩层，则可将空气循环换成水循环以便更好地冷却钻头。

（2）完井。从地面钻井到达目标煤层后，要进行完井处理，使煤层气井与煤层的天然裂隙和割理系统有效地建立联系。煤层气井完井方法是指煤层气井与煤层的连通方式，以及为实现特定连通方式所采用的井身结构、井口装置和有关的技术措施。完井过程中有时可能会造成对煤层的损害、使渗透率降低。因此，在选择煤层气井的完井方法时必须最大限度地保护煤层，防止对目标煤层造成伤害，减少煤层气流入井筒的阻力。此外，还必须满足以下3点要求：

① 有效地封隔煤层气和含水层，防止水淹煤层及煤层气与水相互窜通；

② 克服井塌，保障煤层气井长期稳产，延长其寿命；

③ 可以实施排水降压、压裂等特殊作业，便于修井。

目前，常用的完井方法主要有裸眼完井和下套管完井（如图10-7所示）。

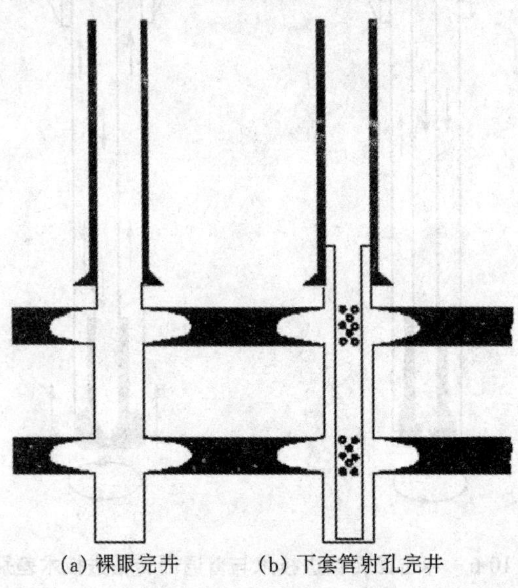

(a) 裸眼完井　(b) 下套管射孔完井

图10-7　两种完井方法

① 裸眼完井。裸眼完井是指钻井至目标煤层后，下套管只下到煤层顶部，而使煤层裸露，裸眼完井最常用的两种方法是：第一，钻井钻到目标煤层总深度，用地层封隔器引靴下套管，使套管靴定位于目标煤层之上0.6～3m处，用水泥固井，然后钻掉封隔器引靴，使煤层裸露。第二，钻井钻到目标煤层上方0.6～3m处，下套管和浮靴，用水泥固井，然后钻开煤层，使煤层裸露。

裸眼完井技术比较简单，成本较低。一些生产者总是试图先考虑采用裸眼完井。但是裸眼完井的应用有一定局限性。一般只适用于埋藏深度较浅(500m以浅)、厚度较大（5～10m)、渗透率较高且顶板稳定和不易垮塌的煤层。

有时为了达到强化增产的作用，对裸露煤层进行动力造穴，即所谓裸眼洞穴完井。通过采用井内增压并迅速卸压的方法，使煤层垮塌，直到煤层段形成稳定的洞穴。但是，有时会出现地层严重坍塌，造成井筒堵塞，最终会影响产气量或需要费用高昂的洗井处理。该盆地的经验表明，裸眼完井通常不如下套管完井那样成功，因此现在大多数都采用下套管射孔完井法。

② 下套管射孔完井。所谓下套管完井法，是用完井液钻穿煤层，下套管固井，煤层被套管封住，其次在煤层部位射孔，使煤层与煤层气井连通。

射孔是一种最有效、最经济的进入煤层方法，特别是当目标层为多煤层时，使用常规的射孔枪，可以快速进入地层并且定位准确。可用射孔子弹或聚能射孔弹射穿套管。由于聚能射孔弹在硬岩层中射孔较深，石油工业中多半用它来取代射孔子弹。但是，射孔子弹在低密度煤层中射孔较好，孔比较均匀。

黑勇士盆地煤层气生产者使用各种各样的聚能射孔弹。通常对浅煤层更优先使用能产生较大孔径的聚能弹，以便使流入钻井的气体量最大。然而，对较深煤层，可减小射孔直径以便更深地射入煤层，并射穿所有的水泥侵入带，大多数生产者使用直径为0.9398/1.0414cm，孔梁为20.32～33.02cm的聚能射孔弹。

为防止射孔造成煤层的焦炭化和高温高压对煤层渗透率的影响，对采用套管射孔完成的煤层气井，不宜采用射孔的方式连通煤层和井眼，而应该采用喷砂割槽的方式，用水-砂混合液，通过3.175～6.350mm喷嘴以高速砂液切割套管及水泥环，其相位为90°或180°。该盆地的实践证明，这种方法可防止射孔作业对煤层的污染，同时有利于压裂作业和压裂液的回排。

采用射孔完井的优点是，可以有效地进行层间封隔，实行分层开采；也可以方便地进行煤层改造，对煤层采取强化增产措施；井的寿命也长。射孔完井的缺点是，射孔完井对煤层的伤害环节多，完井作业对煤层的伤害大。

（3）压裂采气。大多数煤层虽然在自然状态下都存在原生裂隙，但为了达到工业性产气量，通常需要对煤层进行水力压裂以产生长裂缝，使解吸的煤层气很容易流向井筒。实践表明，我国的煤层不进行压裂改造就不能产气。

压裂时，大量的液体和砂用高压泵注入井筒。液体在煤中劈开一条裂缝。当液体返排后，砂子仍留在原处以保持新裂缝开启。形成的有支撑剂充填的裂缝提供了水和气体流向井筒的通道。

① 煤层压裂作业压力。煤层的压裂梯度可以根据小型压裂试验来确定，即通过最初测得的一个瞬时关井压力 P 来估计破裂梯度。简单说来，瞬时关井压力等于使地层破裂所需的泵注压力减去泵注过程必须克服的摩擦压力。

通过下列简单步骤即可得到瞬时关井压力：用足以使地层破裂的流量注入液体；达到这一流量后，很快停止泵注；记录停止泵注瞬间的地面泵注压力。

② 压裂工艺。压裂设计的一个重要组成部分是井筒中套管和（或）油管的结构。选择的油管和套管结构将决定作业期间的最大泵注速度，并控制着进行单煤层或多煤层压裂的灵活性。煤层气压裂采气时，主要有两种基本的井筒结构：过套管压裂和过油管压裂。在绝大多数情况下，过套管压裂是优先选择

的方法，为了进行过套管压裂，将低压的套管头去掉，换上高压的压裂阀。

压裂施工中应该注意以下几点。

第一，煤层压裂时，由于受煤岩破碎产生的碎屑和不规则的裂缝形状的影响，施工压力一般较高，同时还易发生砂堵。因此，施工管柱应加大进液面积，降低磨阻，最好选用环空进液和油管监测的方式。

第二，尽可能地加大压裂施工排量，弥补压裂液的逸失量，增加缝宽，扩大煤层的改造范围。加入固体降滤剂也会使压裂液效率提高，增加裂缝的长度，固体降滤剂可使用70～100网目的石英砂。

第三，前置液量也是压裂施工中的一个重要参数，应当力求使其降低到最低限度，以减少压裂液的用量，减小对地层的破坏程度。

目前，煤层气开采常用水力压裂来达到增产的目的。此外，美国Amoco公司开发了提高煤层气产量的注气增产方法。该方法是将N_2，CO_2或烟道气注入煤层，有利于甲烷从煤体中置换解吸出来，达到提高单井产量和采收率的目的。为探索CO_2注入提高煤层气采收率技术，中联公司与加拿大政府合作，并在加拿大专家的协作下，在山西沁水盆地南部枣园井组的TL-003井进行了单井注入/产出试验，取得了预期成果。

(4) 地面集气处理。地面集气处理简单，布置紧凑，占地面积很小。地面集气处理设施包括采气站、集气及处理系统和压缩机站等，地面集气处理设施一般全部实现自动化控制，不需要人工操作。

10.2.2　煤层气地下抽采

我国煤矿井下抽采瓦斯煤层气始于20世纪50年代初。经过50年的发展，煤矿井下煤层气瓦斯抽采，已由最初为保障煤矿安全生产到安全能源环保综合开发型抽采；抽采技术由早期的对高透气性煤层进行本煤层抽采和采空区抽采单一技术，逐渐发展到针对各类条件使用不同开采方法的煤层气综合抽采技术。目前，按煤层气来源，煤矿抽放煤层气类型可分为四大类型，即开采煤层抽放、邻近层抽放、围岩抽放和采空区抽放。

10.2.2.1　开采煤层煤层气抽放

该方法包括3种类型，即开采煤层未卸压煤层气抽放方法、开采煤层采动卸压瓦斯抽放方法和人为强化卸压瓦斯抽放方法，每种类型又可细分为不同的抽放方法。

(1) 开采煤层未卸压煤层气抽放方法。这种方法可以进行如下细分。

① 岩巷揭煤层预抽方法；

② 煤巷掘进预抽瓦斯方法；

③ 回采工作面大面积预抽瓦斯方法。

(2) 开采煤层采动卸压瓦斯抽放方法。这种方法可以进行如下细分。

① 边掘边抽卸压瓦斯抽放方法；

② 边采边抽卸压瓦斯抽放方法；

③ 开采保护层抽放开采煤层卸压瓦斯方法。

(3) 人为强化卸压瓦斯抽放方法。这种方法可以进行如下细分。

① 水力压裂法；

② 水力割缝法；

③ 长钻孔控制预裂爆破法；

④ 其他强化卸压法。

10.2.2.2 邻近层瓦斯抽放

该方法可分为两种方法：

(1) 上邻近层卸压瓦斯抽放方法；

(2) 下邻近层卸压瓦斯抽放方法。

10.2.2.3 围岩瓦斯抽放

该方法包括两种方法，且每一种均可再细分。

(1) 顶底板围岩采动卸压瓦斯抽放方法。

① 作为邻近层瓦斯被抽放；

② 涌入采空区瓦斯被抽放。

(2) 围岩裂隙（溶洞）喷出瓦斯抽放方法。

① 钻孔方式抽放；

② 封闭巷道插管抽放方式。

10.2.2.4 采空区瓦斯抽放方法类型

该方法包括3种类型，即回采工作面采空区瓦斯抽放方法、老采空区瓦斯抽放方法和报废矿井瓦斯抽放方法，每一种均可再细分。

(1) 回采工作面采空区瓦斯抽放方法。

① 采空区冒落拱（带）卸压瓦斯边采边抽方法；

② 采空区积聚瓦斯抽放方法；

③ 工作面上隅角瓦斯抽放方法。

(2) 老采空区瓦斯抽放方法。

① 钻孔抽放方式；

② 密闭插管抽放方式。

(3) 报废矿井瓦斯抽放方法。

① 密闭抽放法；

② 地面钻孔抽放。

因为技术原因，以往低浓度煤矿瓦斯无法利用，只能当做有害气体排空，造成了环境的污染。目前，煤矿瓦斯利用主要集中在抽采量高的国有重点矿区。

10.2.3 采煤采气一体化方法

近年来，“采煤采气一体化”因有利于实现煤炭和煤层气资源的综合开发利用、保障煤炭生产安全和减少温室气体排放，其意义和价值已经得到了普遍的认同。采煤采气一体化是指采煤与采煤层气统筹安排、协调开发、互为支撑的一种绿色生产模式，即设计实施采气工程时，考虑采煤工程的需求，而设计实施采煤工程时，又兼顾采气工程需求。

传统的井巷采气方法在我国许多高瓦斯矿井中应用，如抚顺、阳泉等矿务局早就进行了瓦斯抽放，但是目前许多矿区的瓦斯抽放工作主要是为煤矿通风安全服务。大部分瓦斯都随井巷通风排放掉，利用率太低。在实践中，科研人员根据采煤和采气的综合要求，适当改进和调整井巷工程部署、设施和煤层气采集方法，形成了煤层气井巷全量采集法。通过这种方法，可以实现采气采煤一体化的目标。煤层气井巷全量采集法对巷道布置及开采技术均有特殊的要求。

（1）采煤采气巷道的布置要求。与传统的瓦斯井巷抽放法相比，煤层气井巷全量采集法的巷道布置有以下特点。

① 巷道布置的设计要考虑采煤采气的综合要求。巷道布置既要利于煤层气采集，如巷道应选在裂隙发育且较易维护地段，巷道方向尽可能与裂隙走向垂直等，又有利于以后煤炭采掘生产时对巷道的利用。

② 巷道的间距以顺煤层钻孔的钻机能力而定，如图 10-8 所示，一般为钻机施工的最大孔长与压裂半径之和的 2 倍。

③ 掘进巷道时间要比正常接替时间大为提前，具体提前的时间与煤层气排放速度和稳定供气时间等因素有关。正常的接替时间安排应为：采面结束前 10 ~ 15d，完成接替面的巷道掘进和设备安装工程；采区减产前 1 ~ 1.5 月，必须完成接替采区和接替面的巷道掘进和设备安装工程；现开采水平同采区总产量递减前 1 ~ 1.5a，完成下开采水平的基本井巷工程和安装工程。

采煤采气巷道的上述特点对煤矿生产的计划、巷道布置与掘进以及巷道支护提出了新的要求，如需要提前投入资金掘进巷道，巷道支护应能持久稳定，以满足长期采气需要，这就可能要求专门的采气采煤巷道掘进、支护、维护队

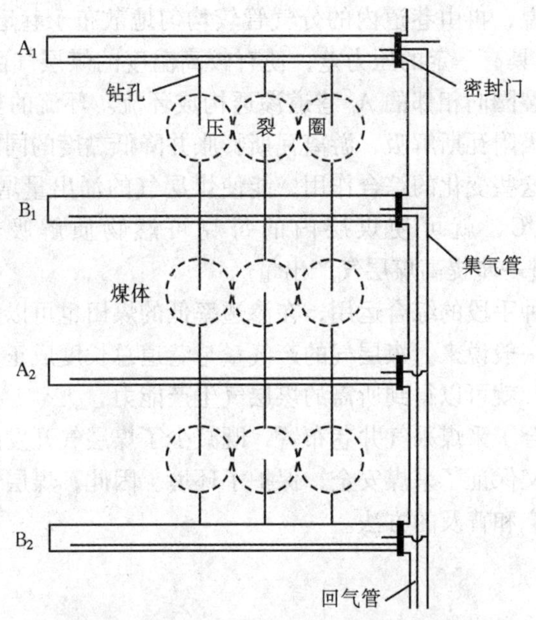

图 10-8 煤层气井巷采气法巷道布置

伍等，要求专业和组织管理的转变，以适应新要求。

（2）强化采气的手段。对于渗透率低的煤层，应采用强化采气手段。

强化采气手段：先在采煤采气巷道中向任意方向顺煤层钻孔，然后采取水力压裂、盐酸处理或钻孔内的松动爆破等手段以提高煤层的透气性。

在煤层气开采之前，应进行单项试验，应用以上各种手段，作出变量-时间曲线。再计算出各种手段下每米各种巷道产气量，在此基础上，根据用户需要的气量，设计巷道长度、条数和间隔，以满足用户的供气要求。

（3）巷道布置及煤体增温解吸技术。当应用了强化采气手段仍不能满足供气要求时，可采用煤体增温解吸技术。煤层的巷道和钻孔布置如图 10-8 所示，其中 A_1，A_2，…，A_n 为采气巷道，它们与集气管相连接。B_1，B_2，…，B_n 也为煤层巷道，位于 A_i（$i=1$，2，…，n）巷道之间正中位置，在应用强化采气方法情况下。它们与 A_i 巷道一样作为采气巷道，亦与集气管相连。这时 A_i 和 B_i（$i=1$，2，…）巷道产出的煤层气可以通过伸入密闭墙（早期试验阶段的几条试验巷道通用密闭门，以便经常出入安装设备、仪表和观测）的集气管采出。当应用强化采气手段仍不满足采气要求时，B_i 不与集气管连通（关闭它的阀门），而与一个特别的回气管连通。回气管的气是从集气管截留的，这截留的少量煤层气由回气管分配给 B_i 巷道，各配气管穿入密闭墙内即被电热器或蒸汽所加温，再由巷道内的分气管较均匀地散布于巷道内。由于 B_i 巷道和 A_i 巷道之间具有一定的压力差，使有较高温度的煤层气由 B 巷道通过它两侧的钻孔和压裂圈向相邻的 A_i 巷道渗透构成环流。环流的热煤层气将热量带给煤体，促使吸附瓦斯解吸，游离瓦斯膨胀并降低黏度的同时，又可使微裂隙扩大、连通，这些变化的综合作用，能使煤层气的涌出量增加。实验证明，煤体温度每升 1℃，就可使煤层内的每克可燃物质解吸煤层气 0.05 ~ 0.065mL，从而进一步提高煤层气产出量。

通过以上各种手段的综合运用，在渗透率低的煤田也可以采用井巷采取方法开发煤层气。一般说来，煤层气的产气量与巷道总长度成正比，只要增加采气巷道的总长度，就可以得到所需的煤层气生产能力。

这种方法综合了采煤采气井巷布置，既减少了煤层气开发的投资，降低了煤层气的成本，又保证了采煤安全，保护了环境。因此，煤层气井巷全量采集法是一种值得推广和普及的方法。

第 11 章　洁净煤发电技术

11.1　洁净煤发电技术概述

我国发展电力事业的方针是“大力发展水电，优先发展煤电，积极发展核电”。由于我国的能源结构决定了在相当长的时间内是以煤炭为主，且其占一次能源总量的 60% 以上，所以要优先发展建设周期短、投资回报率高的高效率火力发电机组。

然而，大力发展燃煤发电机组，必然带来巨大的环境压力，烟气排放中会有更多的 SO_x，NO_x 和 CO_2，并排出大量的灰渣和废水。为了在获取充足电力的同时，减少不利因素，洁净煤发电技术应运而生。洁净煤发电技术指洁净煤技术中与发电相关的技术项目，它的重点是为了提高发电机组的效率和控制因燃煤而引起的污染物的排放。减少污染的洁净煤发电技术如下。

① 整体煤气化燃气-蒸汽联合循环发电（IGCC）；

② 循环流化床燃烧技术（CFBC）；

③ 增压流化床燃气-蒸汽联合循环发电（CFBC-CC）；

④ 常规燃煤电站加脱硫、脱硝装置（PC + FGD + De-NO_x）。

提高火力发电机组效率的技术有：超临界（SC）与超超临界（USC）发电技术。

但是，IGCC，CFBC，CFBC-CC 等技术处于试验或者示范阶段，在我国近期广泛发展是不现实的。从技术难度和现实性来看，SC 和 USC 配以常规的烟气脱硫系统，是容易实现的。

11.2　洁净煤发电技术主要形式

11.2.1　超超临界发电技术

燃煤锅炉蒸汽机组发电时，当主蒸汽压力超过 22.12MPa 时，称为超临界压力；当主蒸汽压力进一步增大，超过 29.5MPa 时，称为超超临界压力（USC）。

习惯上将超临界机组分为 2 个层次：① 常规超临界参数机组，其主蒸汽压力一般为 24MPa 左右，主蒸汽和再热蒸汽温度为 540 ~ 560℃；② 高效超临界机组，通常也称为超超临界机组或高参数超临界机组，其主蒸汽压力为 25 ~ 35MPa 及以上，主蒸汽和再热蒸汽温度为 580 ℃及以上。理论和实践证明，常规超临界机组的效率可比亚临界机组高 2% 左右，而对于高效超临界机组，其效率可比常规超临界机组再提高 4% 左右。大型超临界机组自 20 世纪 50 年代在美国和德国开始投入商业运行以来，随着冶金工业技术的发展，提供了发电设备用的碳素体钢、奥氏体钢及超合金钢。到今天，超临界机组已大量投入运行，并取得了良好的运行业绩。超临界、超超临界火电机组具有显著的节能和改善环境的效果，超超临界机组与超临界机组相比，热效率要提高 1.2%，一年就可节约 6000t 优质煤。未来火电建设将主要是发展高效率高参数的超临界（SC）和超超临界（USC）火电机组，它们在发达国家已得到广泛的研究和应用。近十几年来，发达国家积极开发应用高效超临界参数发电机组。美国（169 台）和苏联（200 多台）是超临界机组最多的国家，而超超临界技术领先的国家是日本、德国和丹麦。

近几年来，我国已投运了 12.60GW 常规超临界机组（见表 11-1），这些机组具有较高的技术性能。投运后不仅在提高发电煤炭利用率和降低污染方面发挥了一定的作用，而且通过这些机组的成功运行，基本掌握了超临界机组电厂的设计、调试、运行、检修技术，积累了丰富的应用经验，为我国超临界和超超临界机组的应用奠定了基础。

表 11-1　　我国已投入运行的超临界机组主要参数

发电厂	制造厂家或国家	台数	功率 /MW	运行参数 MPa/℃/℃
华能石洞口电厂	ABB	2	600	2420/538/566
国华盘山电厂	苏联	2	500	23.54/540/540
华能南京电厂	苏联	2	320	23.5/540/540
国华外高桥电厂二期	西门子	2	900	23.53/542/568
华能营口电厂	苏联	2	320	23.54/545/545
华能伊敏电厂	苏联	2	500	23.54/545/545
华能绥中电厂	苏联	2	800	23.54/545/545
漳州后石电厂	三菱	6	660	25.40/542/569
华能沁北电厂	东方/哈尔滨	2	600	24.20/566/566

近年来我国在洁净煤发电领域取得了一系列的成就。2006年10月，中国首座装备国产百万千瓦级超超临界燃煤机组的华能玉环电厂也正式投产发电。2007年9月中国首台国产600MW超临界机组（大连庄河发电厂一号机组）成功投入运行。截至2009年年底，我国投运的百万千瓦超超临界火电机组已有24台，总装机容量为24GW，占火电装机总容量的3.37%，平均供电煤耗为290g/kW·h。

我国现有火电机组总体技术水平与世界先进水平相比仍有较大差距，煤耗高、水耗大、污染排放较为严重。提高燃煤机组效率、节水、降低污染物排放是当前我国火电技术发展和结构调整的一项迫切和重要的任务。

超超临界发电技术在技术的成熟性和大型化方面优于其他洁净煤发电技术，成为目前国际上燃煤火电机组发展的主导方向，是满足中国电力可持续发展的重要发电技术。

11.2.2　整体煤气化联合循环技术

整体煤气化联合循环（IGCC）技术把高效的燃气-蒸汽联合循环发电系统与洁净的煤气化技术结合起来，既有高发电效率，又有极好的环保性能，是一种有发展前景的洁净煤发电技术。如图11-1所示。它由两大部分组成，即煤的气化与净化部分和燃气-蒸汽联合循环发电部分。在目前技术水平下，IGCC发电的净效率可达43%～45%，今后可望达到更高。而污染物的排放量仅为常规燃煤电站的1/10，脱硫效率可达99%，二氧化硫排放的质量浓度为$25mg/Nm^3$左右（目前国家规定锅炉二氧化硫排放质量浓度小于$1200mg/Nm^3$），氮氧化物排放只有常规电站的15%～20%，耗水只有常规电站的1/3～1/2，利于环境保护。

典型的IGCC工艺流程为：煤经气化成为中低热值煤气，经过净化，除去煤气中的硫化物、氮化物、粉尘等污染物，变为清洁的气体燃料，然后送入燃气轮机的燃烧室燃烧，以驱动燃气轮机做功，燃气轮机排气进入余热锅炉加热给水，产生过热蒸汽驱动蒸汽轮机做功。

11.2.3　循环流化床燃烧技术

循环流化床（CFB）燃烧技术是一项近二十年发展起来的清洁煤燃烧技术。它具有燃料适应性广、燃烧效率高、氮氧化物排放低、低成本石灰石炉内脱硫、负荷调节比大和负荷调节快等突出优点。自循环流化床燃烧技术出现以来，循环床锅炉在世界范围内得到广泛的应用，大容量的循环床锅炉已被发电行业所接受。循环流化床低成本实现了严格的污染排放指标，同时燃用劣质燃

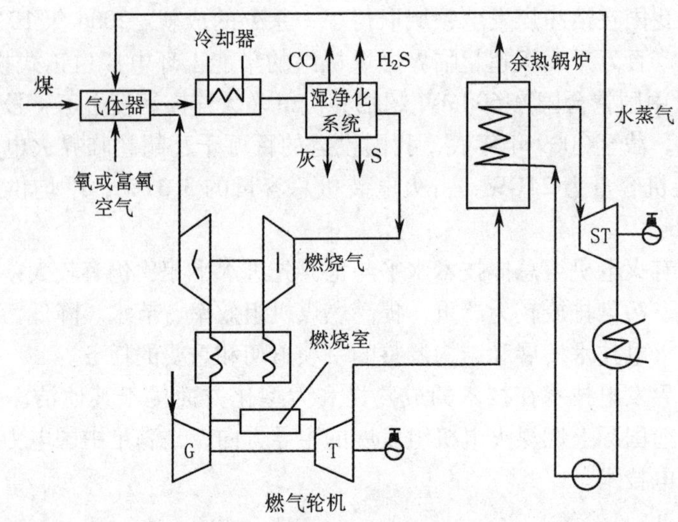

图 11-1 整体煤气化联合循环（IGCC）系统简图

料，在负荷适应性和灰渣综合利用等方面具有综合优势，为煤粉炉的节能环保改造提供了一条有效的途径。

循环流化床（CFB）燃烧技术是一种新型的固体燃料燃烧技术。固体颗粒（燃料、炉渣、石灰石、砂粒等）在炉膛内以一种特殊的气固流动方式（流态化）运动，即高速气流（介于固定床和气流床之间）与所携带的稠密悬浮煤颗粒充分接触燃烧，离开炉膛的颗粒又被分离并送回炉膛循环燃烧。炉膛内固体颗粒的浓度高，燃烧、传热、传质剧烈，温度分布均匀。

一般地，循环流化床燃烧系统由给料系统、燃烧室、分离装置、循环物料回送装置等组成（有些炉型中，返料机构与外置流化床换热器相结合）。燃料和脱硫剂在循环床燃烧室的下部给入，燃烧用的空气分为一次风和二次风，一次风从布风板下部送入，二次风从燃烧室中部送入。循环流化床运行风速一般为 5 ~ 8m/s，使炉内产生强烈的扰动，并将物料带离燃烧室。燃烧室内布置部分水冷壁受热面，炉温控制在 850 ~ 900℃，以利于石灰石高效脱硫及抑制 NO_x 的生成。气流从燃烧室携带出来的高温物料经分离器分离后，由循环物料回送装置送回燃烧室，完成循环。

循环流化床燃烧技术具有以下特点：气固混合很好；燃烧速率高，特别是对粗颗粒燃料。绝大部分未燃尽的燃料被再循环至炉膛，因而其燃烧效率可与煤粉炉相媲美，通常效率可达到 97.5% ~99.5%。

我国与世界几乎同步于 20 世纪 80 年代初期开始研究和开发循环流化床锅炉技术。通过近 30 年的技术引进和研究，掌握了循环流化床流动、燃烧、传

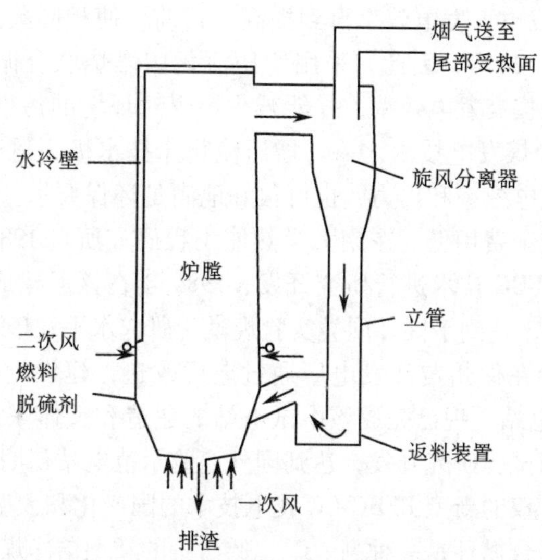

图11-2　循环流化床锅炉燃烧技术原理

热的基本规律，设计了国产循环流化床锅炉，通过实践形成了系统的循环流化床燃烧理论体系和设计导则，锅炉设计理论达到了世界先进水平。2005年后，四川白马、云南红河、国电开原和巡检司及秦皇岛等循环流化床示范电厂均成功运行。通过分析和研究引进的循环流化床技术，开发出了适合我国煤种特点的国产化300MW亚临界循环流化床锅炉，而且由于国产技术的价格与性能优势，2008年之后新订货的300MW循环流化床锅炉几乎均为国产技术。以哈锅、东锅和上锅为代表的锅炉制造企业也建立了大容量高参数循环流化床锅炉工装设备体系，制造经验达到世界一流。

11.2.4　增压流化床燃气-蒸汽联合循环发电技术

增压流化床燃烧（PFBC）技术在原理上基本同常压流化床燃烧（AFBC）一致，燃烧空气通过布风板进入燃烧室，使经过破碎到需要粒度的煤和脱硫剂（通常是石灰石或白云石）处于悬浮状态，形成一定高度的流态化“床”层。流化床中，脱硫剂在煤燃烧的同时脱除二氧化硫，由于流化床燃烧温度控制在900℃以下，抑制了燃烧过程中氮氧化物的生成。燃烧效率高，对煤种适应性强。

采用增压（607.95～2026.5kPa）燃烧后，燃烧效率和脱硫效率可以得到进一步提高。燃烧室热负荷增大，改善了传热效率，锅炉容积紧凑。除了可在流化床锅炉中产生蒸汽使汽轮机做功外，从PFBC燃烧室（也就是PFBC锅炉）出来的加压烟气，经过高温除尘后，可进入燃气轮机膨胀做功。通过燃气-蒸汽联合循环发电，发电效率得到提高，目前可使相同蒸汽参数的单蒸汽循环发电提高 3% ~4%。因此，采用增压流化床燃烧联合循环（PFBC-CC）发电能较大幅度地提高发电效率，并能减少燃煤对环境的污染。PFBC 将成为 21 世纪主要的洁净煤发电技术之一。增压流化床技术极为适于改造现有燃煤电站，既可提高发电效率和出力，也可很好地满足环保要求。新建 PFBC 电站结构紧凑，现场施工费用低。东南大学热能工程研究所自 1981 年在国家科委的支持下开始对 PFBC 技术进行研究开发；1984 年在该所建成热输入为 1MW 的 PFBC 试验装置，达到了国外同类实验规模、研究水平；1991 年起在国家计委的支持下，开始在徐州贾汪发电厂通过老厂改造，建设发电容量为 15MW 的 PFBC-CC 中试电站，现已完成该中试电站的建造和整体联合循环发电试运转，接近完成中间试验研究开发，达到国外商业示范电站初期水平，将实现具有我国自主知识产权的新型 PFBC-CC 发电技术的国产化和大型化。

增压流化床联合循环是一种高效率、低污染的新型洁净煤发电技术。其重要特点是燃烧与脱硫效率高。在压力为 9.8 ~ 15.7MPa 的燃烧室中，空气和加入的煤进行激烈的燃烧反应，床温控制在 850 ~ 900℃范围内。燃烧生成的 SO_2 与加入流化床内的石灰石（或白云石）反应生成 $CaSO_4$，达到脱硫效果。该反应过程能除去烟气中 90 % 以上的 SO_2。同时，由于床内燃烧温度较低，只有燃料中的氮转化成 NO_x，空气中的氮很少转化生成 NO_x。因此，NO_x 的排放受到抑制，无须增加特殊设备，该电站的污染排放物即可大幅度减少。

在流化床中，由于煤的浓度很低，每一个颗粒燃料都能被炽热的惰性物料所包围，并且和助燃剂（空气）接触条件良好。因此，在常规炉中不易稳定燃烧的劣质煤，在流化床中亦能稳定燃烧。该电站由燃气和蒸汽两部分系统组成发电过程，燃气轮机出力占总输出的 20% ~25%，其余为蒸汽轮机出力，形成“联合循环”的形式运行。该技术还具有适应新建电站和旧电站改造、占地面积少、可用系数高（可用系数大于 90%）、灰渣综合利用 100%、系统相对简单等优点。

11.2.5 常规燃煤电站脱硫、脱硝技术

11.2.5.1 常规燃煤电站脱硫技术

我国常规电站锅炉燃煤占全国煤炭的 70% 以上，造成了严重的大气污染。针对这种情况，国家环境保护总局与国家发改委采取了多项新措施，以进一步加强燃煤电厂二氧化硫污染防治。2003 年国家规定新建、改建和扩建燃煤电厂必须安装脱硫设施。截至 2007 年底，烟气脱硫机组占燃煤机组的比例上升

至40%以上，2007年成为SO_2排放控制史上的一个标志年，全国SO_2排放量在2006年达到历史新高后，开始逐年下降。

常规燃煤电站烟气脱硫采用的技术有：石灰石-石膏法、碱式硫酸铝法、旋转喷雾干燥法、炉内喷钙法等。20世纪90年代以来，我国引进了一批国外先进的技术和装置，如重庆珞璜厂引进日本单套108.7万Nm^3/h的石灰石-石膏法、中日合作成都热电厂的30万Nm^3/h电子束法、美国ALANCO公司提供给德州电厂的荷电干式吸收剂喷射烟气脱硫法、芬兰IVO公司在南京下关电厂的炉内喷钙增湿活化法等十几种工艺。我国的脱硫技术在引进国外技术的基础上，已经进入消化吸收阶段，总体上达到了国际先进水平。存在的问题主要是脱硫方法单一（石灰石-石膏法占在建和已建脱硫项目的90%以上）；脱硫副产品石膏的处理及综合利用还未引起足够重视；一些关键的配套设备制造技术还依赖国外进口；脱硫设备长期稳定运行技术还有待提高。

11.2.5.2　常规燃煤电站脱硝技术

虽然我国近年来SO_2排放控制取得了很大成绩，可是燃煤电站NO_x排放总量的快速增长及其大气浓度和氧化性的提高有可能抵消对SO_2的控制效果，使酸雨的恶化趋势得不到根本控制。因此，对燃煤火电厂的主要排放物——氮氧化物——进行控制已经十分必要。

目前，我国没有出台相关强制性政策要求火电厂必须安装脱硝装置，可是国家标准除对NO_x排放浓度做出明确规定外，还明确火力发电锅炉第3时段锅炉须预留烟气脱除氮氧化物装置空间。很多地方政府也都根据当地的实际情况制定了地方NO_x排放标准。我国的烟气脱硝产业是在烟气脱硫产业基础上发展起来的，脱硫产业的经验为开展脱硝奠定了基础。可以预见，烟气脱硝必将成为我国火电厂继烟气脱硫后又一个爆发式的发展阶段。

目前，国内外电站锅炉控制NO_x技术主要有3种：一是燃烧前脱硝，在煤燃烧前进行脱硝成本高，难度大，目前技术尚不成熟，暂时还没有实际应用价值；二是燃烧中脱硝，主要在燃烧过程中通过各种技术手段改变煤的燃烧条件，从而减少NO_x的生成量，如低NO_x燃烧技术；三是生成后的转化，主要是将已经生成的NO_x通过技术手段从烟气中脱除掉，主要方法有选择性催化还原法（SCR）和选择性非催化还原法（SNCR）等。生成后转化投资巨大，运行成本高，而且目前其核心技术仍然掌握在少数发达国家手中，如SCR技术采用的催化剂基本依靠进口。因此，我国NO_x的控制原则应综合考虑企业的经济实力和发展水平，借鉴发达国家的先进经验。首先进行一次脱硝，采用各种低NO_x燃烧技术，减少煤燃烧过程中NO_x的生成；然后进行烟气脱硝，如SCR技术、SNCR技术等，以降低投资和运行成本。截至2008年底，全国已有近2000万kW的脱硝机组投入运行，正在规划及在建的脱硝机组已经超过1亿kW。从脱硝工艺来看，大部分机组采用SCR方法。可见，总体技术路线和国际相同，即采用了以SCR为主，以SNCR为辅的技术路线。从烟气脱硝关键技术和设备国产化分析来看，均取得了重要的进展。

国内外常用的脱硝工艺为选择性催化还原技术。它是还原剂（NH_3、尿素）在催化剂作用下，选择性地与NO_x反应生成N_2和H_2O，而不是被O_2所氧化，故称为“选择性”。反应中，可用含铂、钯的贵金属催化剂，也可用含铜、铁、钒、铬、锰等的非贵重金属作为催化剂。SCR技术基本化学反应方程

$$4NH_3 + 4NO + O_2 \longrightarrow 4N_2 + 6H_2O$$

$$8NH_3 + 6NO_2 \longrightarrow 7N_2 + 12H_2O$$

SCR脱硝技术与其他技术相比，脱硝效率高，可达到80%～90%，反应无副产品，技术成熟，应用范围广，SCR是国内外电厂脱硝比较成熟的主流技术，全球市场占有率达到98%，运行设备少，结构简单，可靠性高。

SNCR与SCR相比，除不应用催化剂外，基本原理和化学反应基本相同，一定条件下，两者可以配合使用，可以达到更好的效果。表11-2为SCR与SNCR脱硝技术的对比。

表11-2　SCR与SNCR技术比较

类　别	SCR技术	SNCR技术
温　度	300～420℃	900～1100℃
NH_3/NO_x物质的量之比	0.4～1.0	0.8～2.5
脱硝效率	60%～90%	25%～50%
催化剂	需要	不需要
应用范围	广泛	窄
投　资	高	低
运行成本	中等	中等

第12章　燃料电池和磁流体发电技术

12.1　燃料电池发展概况

燃料电池是一种不经过燃烧而以电化学反应方式将燃料的化学能直接变为电能的发电装置。它可以用天然气、石油液化气、煤气等作为燃料，能量转化效率高、环境效果好。按电解质种类分为磷酸型、熔融碳酸盐型、固体聚合物型、固体氧化物型和碱性型5种类型。

12.1.1　国外燃料电池发展简况

1839年，英国人W. Grove发现了氢氧燃料电池原理，但是燃料电池技术的发展未能竞争过快速发展的燃烧发电技术，因此，直到1952年，F. T. Bacon才成功开发并制造出世界上第一个千瓦级的碱性燃料电池系统。到20世纪五六十年代，由于空间竞赛，燃料电池得到了关注。到了70年代初、中期，人们逐渐认识到世界能源供应的安全性和不可预测性，自然灾害和区域性经济危机的发生，都可能会破坏能源供求关系的平衡。这促使世界上以美国为首的发达国家大力支持民用燃料电池的研究开发。燃料电池电站引起人们的兴趣，开展了各种类型燃料电池电站的研究工作。20世纪，尤其是20世纪后半叶，世界经济高速发展，在经历了产业革命和工业的高速发展后，也产生了严重的环境问题。人们面临的共同问题是如何高效率利用地球上越来越有限的资源，保护人类赖以生存的环境。美国、日本、加拿大和欧洲各国等注重投入发展燃料电池，在国防、航天、汽车、医院、工厂、居民区等方面已进入商业化。日本于90年代初开发系列磷酸型燃料电池，1997年前累计销售140台，热电联产用200kW磷酸型发电热效率达到80%，连续运行达5000h，开始批量生产。美国1996年推出世界上最大的2000kW熔融碳酸盐燃料电池。美国和欧洲各国将成批生产低成本的家用供电－供暖燃料电池作为最近的开发计划。

12.1.2　国内燃料电池发展概况

我国的燃料电池研究工作起步较早，在20世纪50年代末60年代初，中科院长春应用化学研究所就开始了碱性燃料电池的研究。1968年，该所与天津电源研究所合作，承担航天用碱性石棉膜燃料电池研究，并制成样机。70年代研制出10，20kW的电池组。武汉大学在70年代初开始研制AFC，1972年承担邮电部微波中继站无人值守FC系统的研制与开发。1976年试制成功200W的间接NH_3-空气AFC系统，并于当年唐山大地震后一段时间内作为京津通讯电源，由于我国于1977年决定发展卫星通讯，此工作在1978年停止。当时我国的FC研究水平与国外的差距还较小，但后来由于种种原因，全国各单位相继停止了研究工作。直到90年代初大连化学物理所等单位才开始民用FC的研究，中间停顿了约15年。与国外相比，现在我国的FC研究水平落后得更多。从世界各国FC研究开发的发展来看，空间的竞赛促进了燃料电池的发展，但国外在航天用FC研究开发成功后，很快就转入了民用FC的研究，而我们却停顿了，这就是我国目前FC研究水平与国外相差较大的原因之一。我国燃料电池的研究主要是配合航天技术的发展，以碱性型为主。天津电源研究所、中科院大连化物所、武汉大学等研制的有航天用、水下用燃料电池。目前国内燃料电池距离大规模应用尚需一段时日，国内厂商在技术和生产工艺上与国际水平存在差距，燃料电池材料大都依赖进口。

12.2 燃料电池原理及特点

燃料电池虽然是电池家族中的成员，但是和干电池、蓄电池均不同。其化学燃料不是装在电池内部的，而是储存在电池的外部，可以按照电池的需要，源源不断地向电池提供化学燃料，就像往炉膛里添加煤炭和燃油一样，因此人们把它称为燃料电池。其工作时，只要向电池持续不断地输送燃料和氧化剂，就能持续不断地获得直流电能。

实际上，燃料电池能将燃料具有的化学能连续而直接地转变成电能，其发电效率比现在应用的火力发电高不少，因此，把它称为“新型发电机”似乎更合适些。但它又比一般的发电机优越，在发电的同时尚可获得质量优良的水蒸气。也就是说，燃料电池既能发电 又可供热，所以它总的热效率可达到80%。

早在一百多年前，人们就发现了燃料电池原理，但直到1932年，科学家在理论上进行了论证，才为研制现代燃料电池打下基础。1958年，燃料电池正式问世，其输出功率为5kW，工作温度为200℃，产生的电力足以开动风钻和电车。20世纪60年代，燃料电池曾作为“阿波罗”等宇宙飞船的电源，为宇宙的开发立下了汗马功劳。近年来，输出直流电4.8MW的燃料电池发电厂的试验已经获得成功，人们正在进一步研究设计更大功率的燃料电池发电厂。

12.2.1 燃料电池原理

如图12-1所示，在结构上，燃料电池和蓄电池相似，也是由正极、负极和电解质组成。它的正极和负极大多是用铁和镍等惰性、微孔材料制成的。从电池的正极把空气或者氧气输送进去，而从负极把氢气、碳氢化合物、甲醇、甲烷、天然气、煤气和一氧化碳等气体燃料输送进去。此时，在电池的内部，气体燃料和氧发生电化学反应，这样燃料的化学能就直接转变成了电能。

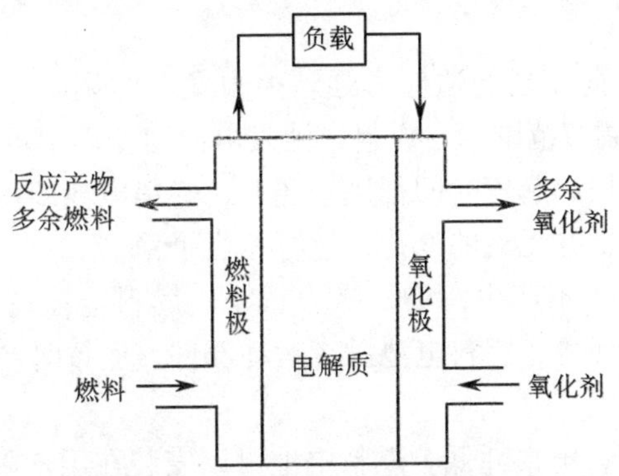

图12-1 燃料电池的反应原理

燃料（以氢气为主）在负极上和电解质一起进行氧化反应，生成带正电的离子和带负电的电子。电子通过外电路流至正极上，和作为氧化剂的氧与电解质一起进行还原反应，生成水蒸气。上述电化学反应如下。

负极（氢气）电极上的反应

$$H_2 \longrightarrow 2H^+ + 2e^-$$

正极（空气）电极上的反应

$$2H^+ + \frac{1}{2}O_2 + 2e^- \longrightarrow H_2O(g)$$

整个电池的反应

$$H_2 + \frac{1}{2}O_2 \longrightarrow H_2O(g)$$

由上列电化学反应可以看出，此反应只是电解水的逆反应。对燃料电池来讲，只要持续不断地把燃料和空气（氧气）供给电池，并且及时将电极上的反应产物和废电解质排走，就可以源源不断地提取电能和水蒸气。

单个燃料电池的输出电压小于1V，通过电池串联和并联就可获得所需要的电压和电流，从而组成具有一定发电能力的电池组。

12.2.2 燃料电池优点

燃料电池和一般火力发电比较，具有以下优点。

（1）发电效率高且稳定。燃料电池能量的转化过程是化学能直接转化为电能和热能，不受卡诺循环的限制，产生的电能为低压直流电，电压稳定。一般火力发电的能源转化效率只有30%～40%；燃料电池在所有的发电装置中转化效率是最高的，目前已经达到50%～70%，预计将来可以达到80%甚至更高。

（2）对系统负荷变动的适应力强。火力发电的调峰，发电出力的变动率最大为5%，并且调节范围窄。燃料电池发电出力变动率可达每分钟66%，对负荷的应答速度极快，起停时间很短。还有，燃料电池即使负荷频繁变化，电池的能量转换效率也并无大的变化，运行相当平稳。

（3）工作可靠，不产生污染，噪声很小。燃料电池在反应过程中只产生水蒸气，不会污染环境；燃料电池没有运动部件，运行时产生的噪声一般仅为50～70dB。

（4）使用方便，电损耗低。燃料电池可以安装在用户附近，既可简化输电设备，又可降低输电线路的电损耗。

（5）燃料来源广。不仅可以是可燃气体氢气，还可以是燃料油、煤、甲醇、乙醇、煤气、天然气和生物燃料等。

（6）建设发电站用时短，并且可以根据需要随时扩大规模。燃料电池具有组装式结构，不需要很多辅机和设施；几百瓦甚至上千瓦的发电部件可以预先在工厂里做好，然后再把它搬运到燃料电池发电站进行组装。所以可大大缩短建设电站时间，电站规模可随着电力需求量的增加而随时扩大。

（7）燃料电池体积小、质量轻，占地面积少，使用寿命长，单位体积输出功率大，可以方便地实现大功率供电。

（8）不需要大量循环水。燃料电池发电时，虽然温度很高，但可用空冷或水冷来控制温度；电池在反应中产生的水可以作为补给冷却水，因而大量节约了电厂中的循环水。

12.2.3 燃料电池存在的问题

燃料电池有许多优点，人们对其将成为未来主要能源持肯定态度。但就目前来看，燃料电池仍有很多不足之处，使其尚不能进入大规模的商业化应用。主要归纳为以下几个方面。

（1）市场价格昂贵；

（2）高温时寿命及稳定性不理想；

（3）燃料电池技术不够普及；

（4）没有完善的燃料供应体系。

12.3　磁流体发电技术

12.3.1　磁流体发电原理

磁流体发电技术，就是用燃料（石油、天然气、燃煤、核能等）直接加热易于电离的气体，使之在数千度的高温下电离成导电的等离子流，然后让其在磁场中高速流动，切割磁力线，产生感应电动势，即由热能直接转换成电流，由于无须经过机械转换环节，所以称之为“直接发电”，其燃料利用率得到显著提高。这种技术也称为“等离子体发电技术”。其原理如图 12-2 所示。

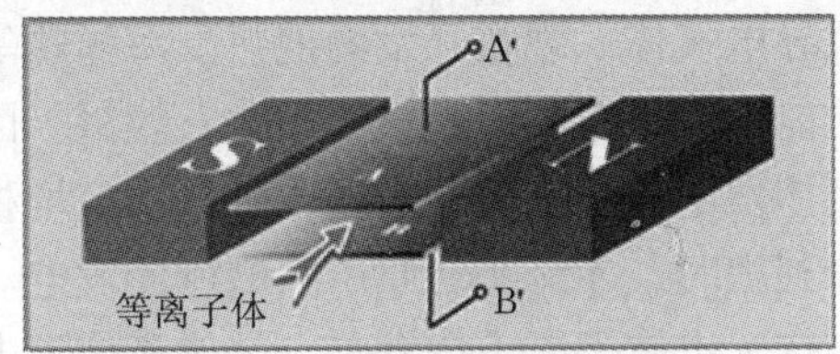

图 12-2　磁流体发电机构造

其中 N，S 表示磁极；A，B 表示平行金属板；A′，B′表示发电机两端子。磁流体发电机主要由燃烧室、发电通道和磁体等部分组成。燃料在燃烧室中燃烧，产生温度很高（约 3000K）的等离子体，在燃烧室的末端装有加速喷管，高温等离子体以约 1000m/s 的速度喷出，并穿越发电通道。可见燃烧室性能应满足多种要求：如运行时间、流量，要耐得住 0.6～1.0MPa 的工作压力，3000K 的工作温度等。发电通道是磁流体发电的核心部位，其由绝缘壁和电极壁组成，电极可以引出电流。发电通道必须具有耐热性、耐冲刷性、耐氧化性、耐腐蚀性与良好的电绝缘性和传导性。在发电通道的水平方向上放置一对磁极，在竖直方向放置一对电极。由于高速运动的等离子体垂直地穿过磁场，做切割磁力线运动，在洛伦兹力作用下，带正电的离子移向正电极，电子移向负电极，因此在两极上就形成了很高的电势差。当与外电路接通时，负载上就有电流通过。磁流体发电用的磁体有两类：铜线圈和超导线圈，常用后者；磁体由铁芯磁体、空心线圈式超导线圈做成，可用来产生强磁场。

由上可见，在磁流体发电机中，等离子体作为导电流体，在磁场的作用下，实现了由热能直接转化为电能，无须经过机械转换环节，没有普通发电机中的电枢绕组和转动部件，所以称为“直接发电"，可输出强大电流。其燃料利用率得到显著提高，这种技术也称为“等离子体发电技术"。而普通火力发电要经过化学能—热能—机械能—电能多个能量转换环节。

为了使磁流体具有足够的电导率，需要在高温和高速下，添加钾、铯等碱金属和微量碱金属的惰性气体（如氦、氩等）作为工质，以利用非平衡电离原理来提高电离度。前者直接利用燃烧气体穿过磁场的方式叫开环磁流体发电，后者通过换热器把工质加热后再穿过磁场的方式叫闭环磁流体发电。

科学家们研制出的磁流体发电机使用的气体是经过高温处理的气体。在高温下，一般气体均将发生电离，即组成气体分子的每一个原子，其外层的电子不再受原子核的约束，而能自由地向各个方向移动。此时气体就从不导电的绝缘体变成了导电的流体，当它们高速经过强磁场时将发出电来。普通气体大约在 7000℃以上才能变成磁流体发电需要的导电气体。经过科学家研究，才找到了“种子物质" 钾、钠、铯等，如果撒下少量此种物质，就可以在 3000℃的高温下使气体变成导电气体。现在开发的地热、海洋热等还不能产生几千摄氏度的高温，所以只能用煤、石油、天然气等化石燃料。因此，目前的磁流体发电又称做燃煤磁流体发电。只有随着高温原子核反应堆技术的发展，核燃烧产生的废热得到充分利用时，才能实现原子核磁流体发电。

燃煤磁流体发电技术也称等离子体发电，是磁流体发电的典型应用，燃烧煤得到的高温等离子气体高速通过强磁场时，气体中的电子受磁力作用，沿着与磁力线垂直的方向流向电极，发出直流电，经直流逆变成交流送入交流电网。燃煤磁流体发电效率可达 50% ~60%。目前，世界上有 17 个国家在研究磁流体发电，而其中有 13 个国家研究的都是燃煤磁流体发电，其中包括中国、美国、印度、法国、波兰、澳大利亚、俄罗斯等。

12.3.2 磁流体发电特点及展望

磁流体发电是一项发电新技术，与一般的火力发电比较，主要具有以下几个方面的特点。

① 综合效率高。磁流体的热效率可从火力发电的 30% ~40% 提高到 60% 以上，同样烧 1t 煤，汽轮发电机只能发电 3000kW · h，而磁流体能发电 4500kW · h，可以节约大量能源。

② 启动应答快。在几秒钟的时间内，磁流体发电就可达到满功率运行，这是其他任何发电装置都无法相比的，因而，磁流体发电不仅可作为大功率民用电源，而且还可作为高峰负荷电源和特殊电源使用，如作为风洞试验电源、激光武器的脉冲电源等。

③ 环境污染少。利用燃煤火力发电，燃烧燃料产生的废气里含有大量的二氧化硫，这是造成空气污染的一个很重要的原因。利用磁流体发电使用的是细煤粉，不仅使燃料在高温下燃烧得更加充分，使用的一些添加材料还可和硫化合，生成硫化物，在发电后回收这些金属的同时也就把硫回收了。以此而言，磁流体发电可以充分利用含硫较多的劣质煤。此外，由于磁流体发电的热效率高，因而排放的废热亦少，产生的污染物自然就少得多。

④ 没有高速旋转的部件，噪声小，设备结构简单，体积和质量也大为减小。

由于磁流体发电机发电时温度高，所以可以把磁流体发电和其他发电方式联合起来组成效率高的大型发电站，作为经常满载运行的基本负荷电站。例如，与一般火力发电组成磁流体-蒸汽联合循环发电，就是让从磁流体发电机排出的高温气体再进入余热锅炉生产蒸汽，推动汽轮发电机发电，其热效率可达50% ~60%。美国是世界上研究磁流体发电最早的国家，1959 年，美国就研制成功了 11.5kW 磁流体发电的试验装置，并将它应用在军事上。苏联在 1971 年就建造了一座磁流体-蒸汽联合循环试验电站，装机容量为 7.5 万 kW，其中磁流体发电容量是 2.5 万 kW。目前美国的磁流体发电机的容量已超过 3.2 万 kW。由于磁流体发电的高效率、低污染等特点，许多国家对研究均给予持续稳定的支持。目前，日本、德国、波兰、中国等许多国家均在研制磁流体发电机，并取得一定进展。随着新的导电流体的应用和技术进步，磁流体发电的各项技术难题将会逐步得到解决，磁流体发电必将在电力工业中发挥重大作用。

第13章 煤炭清洁开采的措施与途径

13.1 煤炭开采对环境的污染与破坏

所谓煤炭清洁开采，就是在生产优质煤炭的同时，又做到把对矿区环境的污染减少到最低程度。因此，在煤炭生产过程中，除了要求采取有效技术措施生产出高质量煤炭外，还必须设法尽量减轻开采对生态环境造成的不良影响。从环保角度分析，煤炭生产的主要环境问题是煤矸石、矿井废水、矿井有害气体（如CH_4，CO，NO_x等）排放、采空区地表沉陷、粉尘污染、噪声污染和地下水径流破坏等。为了煤炭工业的可持续发展，必须搞好煤矿环保，这就要求我们对煤矿环境问题有一个全面的认识。

13.1.1 煤炭开采造成地表塌陷

目前我国煤炭开采以井工开采为主，按1998年煤炭产量构成，井工矿开采煤炭产量占93%。国有重点煤矿采用的采煤方法基本都是长壁式开采、采取全部跨落法管理顶板。由于采动，造成上覆岩层移动、变形、跨落，直至地表塌陷。据测定，缓倾斜、倾斜煤层开采，地表塌陷最大深度一般为煤层开采总厚度的0.7倍，塌陷面积是煤层开采面积的1.2倍左右。到1996年全国约有40万hm^2土地因煤矿开采而造成不同程度的塌陷，且以每年2hm^2的速度在递增。截至2010年年底，仅山西省因采煤造成的地下采空区面积就有约万余平方公里，形成近5000km^2的地面沉陷区。其中，国有重点煤矿采煤沉陷区面积为1000km^2多，地方煤矿采煤沉陷区面积为3000km^2多，涉及受灾人口超过300万人。

由于煤炭开采引起地表塌陷，损坏了地面构筑物、民用建筑物，造成了农田塌陷、灌溉设施损坏、塌陷区积水，以及桥梁、铁路、输电线路等受到不同程度的影响。

13.1.2 煤炭开采产生废石污染

煤矿生产产生的固体废弃物主要是井下开掘岩巷、半煤岩巷排出的矸石，露天矿剥离物以及原煤洗选过程中的洗矸等。目前，全国堆积的煤矸石已达

16亿t左右，占地约5500hm^2，而且，每年还新产生2.0亿t以上的煤矸石。全国现有大小矸石山数万座，有数百座矸石山在自燃，排放大量的烟尘，SO_2，CO，H_2S等有害气体，对矿区环境造成严重污染。并且含较强酸性的矸石山淋溶水渗入地下，个别地区矸石中还含有重金属以及放射性元素，污染了周围土壤和地表水系及地下水。矸石山侵占耕地良田，有些地区因暴雨导致矸石山滑坡，甚至矸石山爆炸等事故，危害人民群众的生命财产安全，造成环境污染，矿区生态系统破坏严重。

13.1.3 煤炭开采的有害气体污染

我国大部分煤矿都有瓦斯涌出，并且高瓦斯矿井和煤瓦斯突出矿井约占40%。此外，在井下其他作业过程中还产生部分有害气体，如井下使用的硝铵炸药在放炮中产生CO和NO_x；使用柴油动力机械（凿岩台车、柴油机牵引单轨吊机车等）排放的废气中含有大量的NO_x；煤炭自燃产生CO，CO_2等。为了井下生产安全，通常采用通风方式将井下的有害气体抽出矿井排入大气中。每年向大气中排放的有害气体（CH_4为主）达100亿m^3，约占世界因采煤而排出的有害气体量的1/3。排入大气中的有害气体对大气环境的温室效应产生严重影响，而且其浓度的提高使对流层中的臭氧增加，平流层中的臭氧减少，导致照射到地球上的紫外线增加，诱发皮肤癌等疾病，这不仅使人体健康受到威胁，而且对矿区环境造成严重污染。

13.1.4 煤炭开采产生废水污染

矿井水是煤矿排放量最大的一种废水，它对地表河流等水资源产生较大的污染。全国煤矿年排水量约20多亿m^3，大部分矿区吨煤排水量为2～4m^3，少数矿区吨煤排水量达数十立方米（焦作矿区47.1m^3），矿井水主要来自地表渗水、岩石孔隙水、地下含水层疏放水以及煤矿生产中防尘、灌浆、充填污水等。矿井水由于开采、运输过程中散落的煤粉、岩粉、支架乳化液等杂物的混入以及煤中伴生矿物的分解氧化等导致水体混浊。矿井水外排，不仅破坏了矿区生产、生活环境，也对社会文明、进步产生不利的影响。高度矿化水若长期用于农田浇灌，会改变土壤性能（如使土壤盐化等）。酸性矿井水会腐蚀设备及管路，污染水体和土壤，影响鱼类和植物生长。还会增加一些重金属的溶解，从而加大了废水的毒性。

另外，大量矿坑污水排向河道后，不仅严重污染了流域内地表水，还可能通过渗漏污染地下水，导致人畜生活用水困难。

13.1.5 煤矿开采中的噪声污染

目前我国矿井生产中普遍使用局部扇风机、风动或电动凿岩机、地面空气压缩机和矿井主扇等。这些设备都是矿山的主要噪声源，其噪声级达90dB（A)以上，有的高达120dB（A），如表13-1所示。

从表中可看出，井下多处噪声值均超过人体正常允许范围（一般认为人体正常允许值是70～80dB以下)，尤其是局扇和主扇以及气动凿岩机是井下的主要声音源。这些噪声不仅污染井下工作环境，而且易造成生产事故，地面噪声污染周围的生活环境，同时也危害周围居民的身心健康。

表13-1　　煤矿井下主要噪声源噪声值

噪声源	噪声值/dB
长壁工作面、打眼放炮	87～95
输送机转载点	96～98
破碎机、空气压缩	90～100
电站、泵站	94～95
分级振动筛	95～100
大巷装车点	98～100
刮板输送机	90～98
气动凿岩机	105～112
主扇、局扇	100～120

13.1.6 煤矿开采中的粉尘污染

井下掘进工作面、采煤工作面及运输转载点和卸载点产生的粉尘，不仅污染井下工作环境，而且给井下生产安全带来威胁，同时粉尘排至地面后对大气环境造成严重污染。每年由煤矿排放到地面大气中的粉尘达数十万吨，极大地影响了矿区周围的生活环境。

13.1.7 煤炭开采破坏地下水径流

采煤造成的地表塌陷、地下水破坏等已成为我国煤炭开采的共性问题。据报道，煤炭资源丰富的山西省，因采煤导致矿区水位下降，导致泉水流量下降或断流，破坏了煤系裂隙水，使近600万人及几十万头大牲畜饮水严重困难。陕西省神木县由于煤炭资源的开发，导致全县已经有数十条地表径流断流，多处民井干涸。采煤对地下水径流的破坏可分为如下3种情况。

(1) 采煤对地表水的影响。当煤矿开采沉陷波及地面时，造成地表开裂和塌陷，使得地表水渗入地下或矿坑，因而使地表径流减少，水库蓄水量下降。

(2) 采煤对煤系地层裂隙水的影响。煤矿开采直接影响的地下水是煤系地层裂隙水。煤炭开采改变了地下水自然流场及补、径、排条件。

(3) 采煤对岩溶水资源的影响。岩溶水资源是工业与城市生活的主要供水水源，岩溶水的主要含水层位于奥陶系灰岩中。岩溶水附近的煤炭开采不仅威胁安全生产，且造成水资源破坏。

13.2 煤炭清洁开采的方法和措施

13.2.1 井下矸石减排

(1) 全煤巷开拓方式。由于发展建设高产高效矿井，提出井工矿向一矿一井一面或两面发展的战略，随之出现大功率、高强度、大能力现代化采掘设备。采掘速度的加快，生产的高度集中，矿井的服务年限相应缩短，所需同时维护和使用的巷道长度和时间缩短，而且巷道支护技术的提高、支护材料的改进以及强力皮带的使用和单轨吊车、卡轨车、齿轨车等辅助设备的推广应用，可使开拓巷道掘在煤层中，不必掘在岩层中。国外如德国、英国近年来已逐渐向全煤巷开拓发展，一些煤矿已取消了排矸系统，地面基本消除了矸石山。有条件的，尽量采用分层开拓，各煤层形成独立的生产系统。分层布置方式不仅减少，甚至取消了岩石巷道，而且保证了辅助运输采用先进的辅助运输设备。煤层群联合布置的采区巷道，如采区上山和区段集中巷等应尽量布置在煤层中。采用一矿一井一面或两面（两面时各在一个采区）方式一个采区内同时生产的工作面只有一个，所以不用设区段集中巷，使巷道布置和生产系统简单化。

(2) 减少煤炭回采过程中混入矸石量。开采3.5~5.0m厚的缓倾斜煤层，结构简单可一次采全厚；开采3.5~5.0m厚的倾斜和急倾斜煤层，可采用分层开采，若有夹石层，夹石层可以作为下分层的顶板；开采大于5m厚及特厚缓倾斜煤层可采用一次采全厚放顶煤开采。为提高放顶煤质量和提高顶煤回采率，要选用多轮顺序放煤工艺及低位插板式放煤支架。

(3) 矸石构筑巷帮。薄煤层开采时，掘出的巷道为半煤岩巷，为使岩石不出井，掘巷时可将巷道掘宽些，使掘出的矸石充填到巷道的一侧或两侧。为使充填工作方便，在掘巷时要选择合理的爆破参数，使崩落的矸石块度便于充填。前进式开采时，可以在工作面采过一定距离后，用其他处矸石砌筑（或浇注）巷道帮。采空区掘进巷道或恢复巷道时，可以用井下出的矸石砌筑（或浇注）巷帮，并兼作巷道支护。因为各种原因巷道宽度超出希望宽度，也可以用井下出矸石砌筑（浇注）巷帮，并作巷道支护。砌筑矸石带是沿空留巷巷旁支护的一种形式。用井下（掘进工作面）排出的矸石砌筑矸石带比从采空区取矸石更安全。

(4)“矸石充填”“以矸换煤”技术。近年来，国内各大矿区均进行了矸石充填废弃巷道、采空区以及替换煤柱实践。煤矿井下矸石回填是我国近年来研发成功的创新技术。使用这项技术可以把部分舍弃的煤炭采出来。为了安全，再把矸石填回去，起到矸石换煤炭的作用。兖矿济三矿、枣矿集团高庄煤矿等采用这种技术回收了大量煤炭。邢东矿、吕家坨矿等将采煤过程中的矸石全部回填废弃巷道，实现了矸石全部不升井目标。新汶矿区通过实施“矸石充填、以矸换煤”技术，实现了矸石不升井，地面矸石零排放。神东矿区利用废巷充填、储矸硐室充填等多项技术，实现了亿吨级矿区矸石零排放。废巷充填工艺如图 13-1 所示，储矸硐室充填工艺如图 13-2 所示。

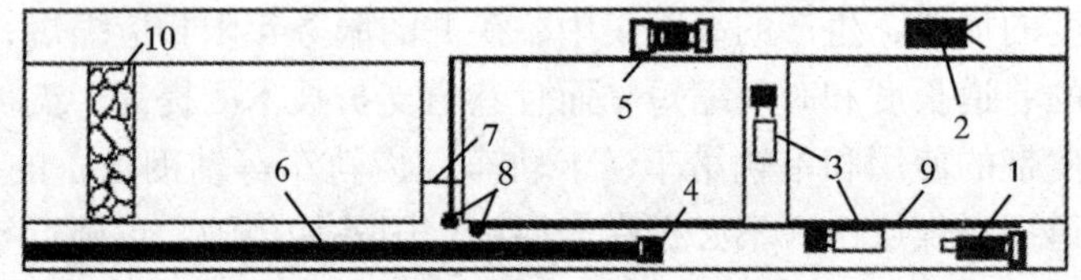

图 13-1　神华联络废巷储矸示意图

1—连采机；2—锚杆机；3—运煤车；4—破碎机；5—铲车；6—输送机；7—挡风墙；8—局部通风机；9—风筒；10—储矸巷

13.2.2　井下废气、粉尘污染控制

经风井排至地面的废气中含有大量的 CH_4，CO，NO_x，CO_2，H_2S 等有害气体，其中主要成分是 CH_4。这些有害气体对大气造成严重污染。煤层采掘前预抽 CH_4 可以有效地大幅度减少生产中 CH_4 涌出量，这不仅是保证安全生产的重要技术措施，也是减轻矿井排放废气对环境污染的重要途径。

排入大气中的 CO，NO_x，CO_2 和 H_2S 等有害气体量虽然远小于 CH_4，但也不可忽视。这些有害气体不仅威胁井下安全生产及工人身心健康，而且对地面大气环境造成污染，应采取相应的措施进行治理。如：采用煤层注水、高压喷雾、声波雾化、巷道风流水幕净化、集尘风机等灭尘措施，防止沼气与煤尘爆炸时产生 CO；采取向采空区灌浆、注氮、喷洒阻化剂、及时打密闭等措施防止煤炭自燃产生 CO；发展使用岩巷与煤巷掘进机和研究制造适合地方小煤

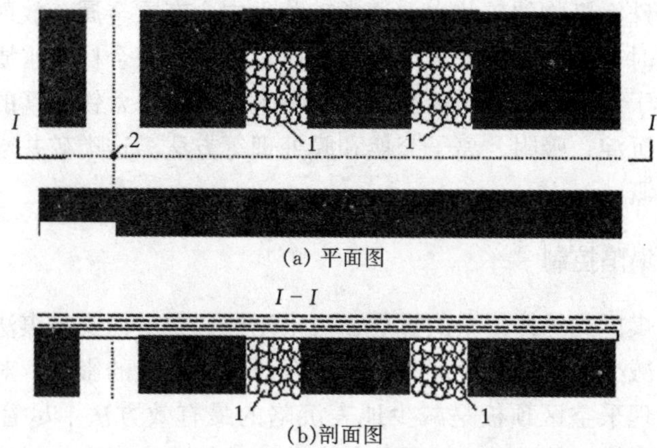

图 13-2　神东矿区以矸换煤技术示意图

1—储矸硐室；2—巷道

矿使用的小型采煤机，防止爆破掘巷和爆破采煤中放炮（每千克硝铵炸药爆炸时产生 40～47L CO，5L NO_x）产生 CO，NO_x 和 H_2S 等有害气体；使用柴油动力机械应配置废气净化器，防止产生 NO_x，使井下各作业环节产生的有害气体降到最低限度。

13.2.3　井下污水处理

根据矿井水含污物特性，一般可分为：洁净矿井水、含悬浮物矿井水、高矿化度矿井水、酸性矿井水及含特殊污染物的矿井水等。

(1) 洁净矿井水。洁净矿井水水质较好，一般 pH 值约为 7，不用处理或者经简单处理就能够作为生活饮用水及矿井工业用水。

(2) 含悬浮物矿井水。含悬浮物矿井水一般除了悬浮物、细菌及感官指标外，其他理化指标均符合饮用水标准。这类矿井水主要采用混凝、沉淀、过滤、消毒处理后，可作为生活饮用水及矿井工业用水。

(3) 高矿化度矿井水。也称含盐矿井水，水中含有的 Ca^{2+}，Mg^{2+}，Na^+，K^+，CO_3^{2-}，HCO_3^-，SO_4^{2-} 等离子较多，水质呈中性或偏碱性，硬度较高。这类矿井水的处理分两步进行：一是预处理，主要采用混凝、沉淀法去除悬浮物及杂质；二是脱盐处理，具体方法有蒸馏法、电渗析、反渗透法。这类矿井水处理后，一般可用作工业用水。

(4) 酸性矿井水。酸性矿井水主要是由于地下黄铁矿被氧气和细菌氧化，生成亚硫酸和硫酸，从而导致矿井水呈酸性。目前我国大多采用酸碱中和法来处理这类矿井水。这类矿井水处理后可用于井上下防尘、灌溉农田。

(5) 含特殊污染物的矿井水。这类矿井水中含有重金属、放射性元素、氟化物等。处理时，首先要除去悬浮物，然后对其中不符合标准水质的污染物质进行处理。对于含氟水，可用活性氧化铝吸附除去氟。含铁、锰的矿井水，通常采用混凝、沉淀、吸附、离子交换和膜处理等方法。这类矿井水处理后，只能用于农田灌溉。

13.2.4 地表塌陷控制

对于劣质煤层或结构复杂的煤层，可采用柱式或房柱式采煤法及条带式采煤法回采，以减少采后的地表塌陷量，减轻对地表环境的影响。对特厚煤层利用水砂充填管理采空区顶板是减少地表沉陷的最有效方法。尽管此法增加设备，增加生产系统，使矿井生产系统复杂化，吨煤成本增高，但对地表环境影响是很小的。

对薄及中厚的煤层群，应采用离层带高压注入泥浆技术。地下煤层开采后上覆岩层产生变形和移动，岩层间产生不同程度的离层。在地面或井下向各离层带打钻孔，通过钻孔向离层空隙中高压注入泥浆，以减缓和减少地表沉陷。覆岩离层注浆技术减沉效果明显，简单易行，是地表沉陷治理的一种新方法。

枣矿集团、兖州矿业集团、抚顺、大屯、新汶等矿区的离层注浆减沉都在60%～65%。

13.2.5 煤矿噪声控制

国家卫生部早在1980年已规定工业企业的生产车间和作业场所的工作地点的噪声标准为85dB（A）。可是目前矿山使用的有噪声的设备产生的噪声远远超过这一标准。早在20世纪80年代，针对煤矿噪声，英美等主要采煤国家就专门成立了煤矿噪声研究机构，加强对煤矿井下噪声的控制和研究。近年来，我国在这方面的研究和应用日益增多。

控制井下噪声的措施如下。

(1) 消音。安装消音器可以使噪声降低10～20dB；

(2) 隔音。一般在硐室壁面上衬以隔音材料，如消音纤维、多孔泡沫、橡胶等，可以使硐室壁面带有一定的粗糙度，或进出通道安设两道门等起隔音作用。

(3) 减振。采用减振装置，降低噪声。

(4) 个体防护。国外井下高噪声场所工作的工人，一般都带有消音耳套，据测定，其可以吸收噪声30～50dB。

13.2.6　保水开采

保水开采的目标是在防治采场突水的同时，对水资源进行有意识的保护，使煤炭开采对矿区水文环境的扰动量小于区域水文环境容量，同时研究在开采后上覆岩层的破断规律和地下水漏斗的形成机理，从采矿方法、地面注浆等方面采取措施，实现矿井水资源的保护和综合利用。保水开采技术途径主要有以下几个方面。

13.2.6.1　合理选择开采区域

（1）对于不存在含水层或煤层埋藏适中，有含水层但其底部有厚度较大隔水层的地区，该区域煤层开采的垮落带和导水断裂带发育不到含水层底部，不至于破坏含水层结构，可以实现保水开采。

（2）有含水层分布，但含水层的厚度有限，煤层开采后需采取一定的措施，才可以保护地下水不受破坏的地区，需要研究煤层采动覆岩破坏规律和地下水位下降与地区植被生存条件的关系等。应采取有效保水开采措施后方可进行开采，如神东矿区秃尾河沿岸的一些井田。

（3）对于煤层埋藏浅又富含水，煤层开采会造成地下水全部渗漏的地区，在没有彻底解决地下水渗漏问题之前，应该暂停开发。

13.2.6.2　留设防水煤岩柱

在松散含水层等水体下采煤，一般根据开采区域岩煤地质及水文地质条件、煤（岩）柱两侧的开采状况及采矿技术条件等因素，采取留设防水（砂）煤（岩）柱的方法进行开采。首先以钻孔冲洗液法为主，结合其他方法研究确定导水断裂带高度，然后通过GIS或其他方法进行保水安全煤柱的设计。

13.2.6.3　保水采煤法

（1）减小导水断裂带高度。常用的方法有：充填开采、条带开采、分层开采、协调开采、限厚开采及覆岩离层注浆等。

（2）煤层底板加固。若煤层底部赋存岩溶水或承压水体，可采用以底板加固为主导技术的保水开采技术。工作面底板加固是对底板隔水层薄弱带进行注浆强化处理，既降低底板地层渗透性，又提高底板地层抗压性，起到了封堵和加固作用。

此外，矿井水回灌也属于保水开采技术的范畴。2009年峰峰集团梧桐庄矿实施了高矿化度矿井水回灌工程。该工程将矿井水由井下澄清系统处理后提升到地面一级初沉池，使部分大颗粒煤泥在一级初沉池和预沉调节池中得以沉淀，再经高效澄清池的混凝反应、沉淀、澄清后，形成净化水。处理后的矿井水达到设计回灌标准，通过回灌系统回到井田内的奥灰含水层，既回补了矿区地下含水层，保护了水资源，也不会造成对水环境和生态环境的污染，实现了矿井水的零排放，保护了矿区周边地区的生态环境。

此外，实现清洁开采的措施与途径还包括前面提到的煤炭地下气化和煤层气开发技术。

总之，煤炭开采在给社会带来经济效益的同时，也导致了矿区的环境污染与生态破坏。对矿区的环境造成污染与破坏主要是采掘的废矸石，井下排出的废水、废气，开采引起的地表塌陷，开采过程对地下水的破坏，开采过程中的噪声等。其污染和破坏的主要形式有矿区大气污染、矿区水体污染、矿区人畜饮用水困难、矿区地表塌陷，使部分建筑物、民居损坏，村庄搬迁，土地破坏，矿区生态系统破坏等。目前，矿产资源开发引起的环境问题，已不单纯是环境污染问题，而是关系到一个国家、民族经济发展和人类生存的根本性问题。中国是矿产资源大国，据估计，目前乃至今后相当长时间内，我国95%的能源、80%的工业原料，取自于矿产资源的开发和利用，所以必须大力研究和发展煤炭清洁开采技术。

第 14 章　煤炭运输和储存污染及其预防

14.1　煤炭铁路运输

14.1.1　铁路运煤特点

我国煤炭产地主要分布于中西部，但市场需求以东南部为主，因此，煤炭大都需要长距离运输。目前，国内外的煤炭运输方式有：铁路运输、公路运输、水路运输和管道运输，就我国而言，60% 以上依靠铁路运送。2007 年我国铁路运输煤炭 15. 4 亿 t，公路运煤 2. 2 亿 t，水路运煤 6. 94 亿 t。其中铁路运煤量占 62. 75%。因此，铁路运煤是我国煤炭运输的主要方式。

铁路运输的主要优点如下。

（1）铁路具有运能大、运距长、运价低等特点，恰好能满足我国煤炭运输量大、运距长等要求。

（2）在联合运输中，铁路是物资集港和疏港运输的骨干，不仅可深入内陆广大腹地，而且与港口吞吐的大宗散装、集装箱等主要货类相匹配。

（3）全国纵横交错的铁路网也为利用铁路进行煤炭运输提供了条件。

14.1.2　铁路运煤的环境污染问题

在铁路煤炭运输过程中，吹落的煤尘不仅对沿线的生态环境造成严重的污染，而且对铁路线路内道床、铁路信号和接触电网等设备也会造成破坏，增加维修成本，对资源也造成不小的浪费。

煤散料在储运过程中，由于风力和运煤列车颠簸致使煤散料散失严重，并由此带来严重的煤粉尘污染。运煤列车在隧道内穿行，形成强大气流，致使煤炭粉料吹失严重，如果隧道内的煤尘浓度达到爆炸极限后，会有发生爆炸的危险。另外，运煤列车经过隧道时煤炭粉料在隧道内扬尘，如果隧道内的煤尘全尘质量浓度达 256. 4mg/m^3（测尘地点：蛇口卯隧道 55 ±0. 8km），就会严重影响隧道内电力信号等设备的安全运行，有发生粉尘爆炸的危险，造成运输安全隐患。

根据有关实测资料显示，运煤列车经过的铁路沿线 100m 范围内，受其煤尘扬起的作用，TSP（粒径小于100μm的煤尘称为TSP，即总悬浮物颗粒）浓度显著增加，铁路两侧50m左右出现瞬时煤尘浓度超过大气环境质量三级标准的现象。可见，铁路煤列车扬尘污染的确严重。

14. 1. 3 铁路运煤污染应对措施

铁路运煤煤扬尘治理方法可分为两种，固体加盖法和列车煤粒表面喷淋抑尘剂法。

（1）固体加盖法。在货运列车车厢上加盖或利用篷布等遮盖，防止煤粉散落和吹入空气中。这种方法虽然简单，防尘效果较好，但成本较高，且操作麻烦。

（2）列车中煤粒表面喷淋固化抑尘剂法。通过给列车煤层表面喷洒一层固化抑尘剂，使煤层表面形成煤块、煤粒和煤尘黏结在一起的直径较大的固化层，以此达到防止扬尘污染的效果。

当前域内车辆由于车速的提高，根据铁道部的要求，所有运输煤炭的列车，必须使用高分子固化抑尘剂才能保证提速，同时该化学试剂不影响煤的燃烧值，更不会造成对环境的污染。

14. 2 公路运输煤炭

14. 2. 1 公路运煤特点

公路运输煤炭主要优点是灵活性强，公路建设期短，投资较低，易于因地制宜，对收到站设施要求不高，不需转运或反复装卸搬运。目前我国铁路煤炭运价为0. 0975～0. 12元/t · km，按山西出省煤炭500km计算，运价48. 75～60元/t，如果换成公路运输，按1. 2元/t · km计算，需要最低600～800元/t，中间的差价有550元左右；如果按照公路的有效半径300km测算，铁路需要30～40元左右，而公路需要300元左右，如此巨大的差价促使煤炭运输率先采用铁路，铁路的运输价格低廉使其成为煤炭运输中最为适宜的运输方式。但铁路运输能力有限，铁路运力的不足需由公路来作为补充。

14. 2. 2 公路运煤的环境污染

公路运输煤炭对环境的污染可分为两类：主动污染和连动污染。运煤车辆本身工作时造成的污染，称为主动污染；运煤车辆行驶时附带的污染，称为连动污染。

14.2.2.1 主动污染

(1) 机动车废气污染。在机动车排出的废气中，有许多有害成分，这些成分有：一氧化碳（CO）、碳化氢（ HC）、氮氧化合物（NO_x）、铅化合物等。一氧化碳本身就是有毒气体，而碳化氢和氮氧化合物在阳光照射下，会生成光化学烟雾，刺激人的眼睛、黏膜，妨碍动植物生长；汽油中的四乙铅是致癌物质，铅化物被人吸入体内，会损害心脏、造血机能，甚至死亡。

(2) 机动车噪声污染。机动车的噪声由多个噪声源组成，包括发动机、轮胎、排气、进气、喇叭声。喇叭声是最主要的噪声源，在这种噪声的长期刺激下，人们会出现头昏、心跳、神经衰弱等病症。

14.2.2.2 连动污染

连动污染主要表现为，公路运煤时，破坏路面，抛洒煤炭。

众所周知，我国的运煤车辆机动车的车身越来越长，车厢越来越高，机动车超出核定载重量的吨位越来越大，致使车轴压力越来越重，大大超过路面设计承受压力。由于超重车辆的长期作用，导致路基不均匀沉陷和路面破裂，使路面的使用寿命越来越短，路面破损速度加快，使路面严重变差。路面维修和大修工程中，如将原有的沥青混合料随意废弃，又会造成新的污染。不但如此，在拉运煤炭时，原本已加高加长的车厢还要超出车厢装煤。在公路沿线随时到处抛撒煤炭，致使公路上到处都是黑色，特别是弯道处更为严重。

抛撒出的煤炭，被后来的车辆轮胎在路面不断碾压变成粉尘状。轮胎滚动中轮胎下部有一个小范围的真空区域，这个真空区域能吸起路面的粉尘。机动车在公路上不断地行驶，使公路表面上的空气不断变速流动，这种流动的空气使轮胎后真空区域吸起的粉尘也无规律地流动，在空气动力学上称为“湍流”，“湍流”又叫“乱流”，是大气中气流的方向和速度经常变化所出现的极不规律的运动力流，它可使粉尘向上、下、左、右扩散，致使煤粉尘在公路附近的空气中蔓延，使公路边的植物蒙上黑粉，沿线房屋变成黑色，形成了粉尘污染。长期在这种条件下工作，人容易得呼吸道及肺部疾病。所以采取有效措施，防止公路运煤污染是我们面对的一个迫切问题。

14.2.3 公路运煤污染应对措施

(1) 主动污染应对措施。应对公路运输主动污染的措施有：搞好公路绿化，利用树木的散射、吸声作用，降低噪声；还可以净化汽车尾气中的污染物，衰减大气中的总悬浮颗粒。

(2) 连动污染应对措施。应对公路运输连动污染的措施主要有：车厢加盖或利用篷布等遮盖。此外，还可采用表层固化覆盖技术，防止煤散失和粉尘。表层固化覆盖抑制煤尘技术根据凝聚作用机理，利用物化制品的黏着力将煤尘黏结在一起或增加煤粒之间的黏结强度以使煤粉成团或煤料表层结壳，达到防止起尘的目的。

14. 3 水路运煤

14. 3. 1 水路运煤特点

水路运煤占我国煤炭运输量的近 1/3,，它包括海运煤和内河运煤两种方式。目前，我国北方的山西、内蒙古、陕西的煤炭主要通过北方的天津、秦皇岛、黄骅港下水，其中山西和内蒙古的煤炭主要通过天津港和秦皇岛港下水，陕西的煤炭主要通过天津港和黄骅港下水。另外，山东的煤炭主要通过日照港下水转运。内河煤炭运输通道主要包括长江和京杭运河，主要是将来自晋、冀、豫、皖、鲁、苏及海进江（河）的煤炭经过长江或运河的煤炭中转港或主要支流港中转后，用轮驳船运往华东和沿江（河）用户，从而形成了我国水上煤炭运输“北煤南运”“西煤东运”的格局。2007 年，我国海运煤炭 4. 5 亿 t，内河运煤 2. 44 亿 t。

水路运煤特点如下。

（1）水运可以实现大吨位、大容量、长距离的运输。我国常用的 2. 5 万 t 级的运煤船，一艘船就相当于 12 列运煤火车或上万辆运煤汽车的载货量。

（2）能源消耗低。有关研究证实，运输 1t 货物以同样距离而言，水运所消耗的能源最少。

（3）运输成本低。水上运输工具主要在自然水道上航行，航路是天然的，只需花少量资金对其进行整治，维护船标设施和管理，就可供船舶行驶。水运的运输成本约为铁路运输的 1/25 ~1/20，公路运输的 1/100。

（4）水运在整个综合运输系统中通常是一个中间运输环节，它在两端港口必须依赖于其他运输方式的衔接和配合，为其聚集和疏运货物。

（5）水运的运输速度较其他运输方式要慢。一方面因为船舶航行于水中时的阻力较大；另一方面是因为要实现大运量运输，货物的集中和疏散所需时间也长。

（6）水运的外界营运条件复杂且变化无常。海运航线大都较长，要经过不同的地理区域和不同的气候地带，内河水道的水位和水流速度随季节不同变化很大，有些河段还有暗礁险滩，因而水运受自然因素的影响较大。而且水运具有多环节性，需要港口、船舶、供应、通讯导航、船舶修造和代理等企业以及国家有关职能部门等多方面的密切配合才能顺利完成。因而，水运管理工作是较为复杂和严密的。

（7）海运具有国际性。商船有权和平航行于公海和各国领海而不受他国管辖和限制，有权进入各国对外开放的、可供安全系泊的港口，故海运在国际交通中极为方便。

14.3.2　运煤码头的环境污染

水路运煤由于速度慢，环境湿润，因此，运煤过程中一般很少有环境污染问题，唯一容易出现污染的环节就是运煤码头。我国煤码头一般都是露天作业，而中转运输的煤80%以上是易起尘的干式采煤、小窑煤和混合煤，这就决定了煤码头生产过程中不可避免地会产生大量煤粉尘污染，会对人体健康造成严重危害。

据调查，煤码头在煤的装卸运输过程中，其起尘量占整个煤运量的0.1%，而煤的逸散量则占整个煤运量的0.02%，按我国目前煤码头煤的年吞吐量6亿t计，那么我国煤码头每年将会损失12万t煤尘，直接经济损失在2400万元以上，而这些煤粉尘所引起的环境污染及对工人健康造成的隐形经济损失（医疗费、误工费、排放费等）将会更大。

这些煤尘的危害如下。

（1）煤尘损害人体健康。煤粉尘在逸散过程中对人体肺部及整个呼吸系统产生严重危害，尤其是粒径在10μm以下的煤尘微粒，更易吸入人体肺部，引发肺病和多种呼吸道疾病。据测定，粒径0.1～1.0μm的粉尘90%沉淀于人体呼吸道和肺胞上，引发的呼吸道疾病占整个煤码头工人数的10%，严重威胁着工人身体健康。

（2）煤粉尘对生态资源的破坏。煤码头在作业过程中所逸散的煤粉尘经扩散落在煤码头周围植物的叶面上，直接影响植物的光合作用和正常生长，尤其是那些粒径在5～10μm的微尘可通过植物气孔进入植物内的细胞组织，使植物细胞遭到破坏，导致作物减产或死亡。

（3）煤粉尘对环境的危害。煤码头的粉尘随着流动的空气扩散到周边地区，使该地区的能见度下降，从而易引发交通事故，这些煤粉尘还使煤码头周围的居民房屋、食品及外晒的衣物表面布满了煤尘，严重影响了人们的正常生活和身体健康，同时给煤码头周边地区的卫生质量和环境面貌都会带来不利影响。

14.3.3 运煤码头的环境污染应对措施

(1) 湿式除尘。湿式除尘就是向煤中喷入一定量的水或固化剂来抑制或减少煤的起尘。但是煤炭含水量又不宜过高，以免影响煤炭质量。一般煤的含水量应该控制在6%～8%最好，此时，抑制煤尘率可达到80%～90%，基本不起尘。如果在清水中加入0.05%～0.10%的固化剂化学润湿剂，则抑尘效果更佳，可达90%以上。

(2) 干式除尘。所谓干式除尘就是利用集尘器（袋式除尘器、旋风除尘器、静电除尘器等）、防风网、防风林带和遮盖法等方法来使煤尘量减少。其中集尘器的除尘效率可达95%～98%，效果非常好。但是集尘器普遍价格昂贵，故运煤码头很少采用。而防风网或防风林带因投资少，效果好，已在我国大面积采用。防尘网材料可以为尼龙材料、低碳钢板、镀锌板、彩涂钢板、铝镁合金板和不锈钢板等。我国秦皇岛港煤码头安装的是尼龙材质的防风网，曹妃甸煤码头防风网主体结构为组合钢管桁架悬臂结构，网板采用镀铝锌网板（硬网）和纤维针织板（软网）两种形式。

(3) 干湿结合除尘。即在同一个煤码头，既采用湿式除尘，又采用干式除尘的方法，可使两者优势互补，取得最佳的除尘效果。

(4) 密闭或半密闭防尘。此法是一种新的煤码头皮带运输线的防尘方法。在皮带运煤线的转接点处用帘式或厢式（多用尼龙布或胶合板）将皮带的起尘处或转接点封闭起来，加上煤在卸车时已入注入6%～8%的水，这样就可使整个皮带运煤线在运转过程中基本做到不起尘，从而达到清洁生产保护环境的目的。

(5) 综合防尘。综合防尘是以上各种方法的综合运用。天津港煤码头，每年投资1亿多元用于防尘工作，采取苫盖、高压喷淋、机械化卸车、汽车密闭运输、建防风网墙、对超大货垛实行覆盖剂结壳、人工造雪等措施抑制扬尘，并建立了干式集尘、喷淋除尘、道路洒水、货垛苫盖和喷膜技术相结合的立体交叉综合防尘治理体系。采用这些措施后，煤尘浓度和作业电煤尘排放浓度连续多年符合国家或部颁标准。

14.4 浆体管道输煤

14.4.1 传统运煤方式存在的问题

常规的铁路、公路运煤过程中，飞起的煤尘不仅污染环境，而且浪费了大量宝贵的资源。据统计，我国目前在铁路、公路等运输过程中，煤炭损耗率约为0.8%～1%，即使按每吨煤只运输一次计算，2007年，我国在煤炭运输过程中，就损失了约1700万t。

运煤过程中，煤扬尘解决不好，不只浪费了资源，还会产生很多环境问题。煤尘是酸性的，抛撒后附着在沿线的车站、建筑、农作物、交通、民用设施上，严重影响了铁路沿线人民群众的身体健康，同时对沿线农作物的生长造成破坏，甚至有的白菜剥开后里面都嵌着煤渣。

煤尘严重污染了隧道内线路的道床，加剧了其板结程度。在污染程度严重的地段，煤尘已埋没了扣件、轨枕板等，给工务部门日常的养护维修带来了相当大的困难，增加了额外的工作量。同时，对钢轨和扣件等有一定的腐蚀作用，带来了安全隐患。煤尘还使铁路各部门工作人员的作业环境恶化，尤其对长期在隧道内作业的人员的身体健康造成了严重危害；对沿线客车的污染已殃及车厢内，造成车厢内空气浑浊，使旅客身心健康受到危害，严重影响着铁路客运的质量。

铁路、公路运煤不仅存在环境污染问题，而且运力还严重不足。目前，包括煤炭在内的能源产品运输难，内蒙古西部、宁夏和陕西的矿区，早已以运定产。山西省煤炭虽经铁路和公路大力外运，但是铁路运输的能力跟山西实际的市场需求运力相比缺口为50%，致使大量煤炭无法及时运出。堆放的煤炭雨淋日晒，自然变质，损失严重。而在华东、华中、华南各地电厂则因缺煤，电力不足，工厂停工。而且因为缺煤，也很难建设新电厂。坑口电厂远距送电，本是一个好办法。但华北缺水，电厂用1t煤，直接间接需要6t水，因而也难建设坑口电厂。水路运煤尽管也有巨大优势，但是受季节影响较大，而且两端港口必须依赖于其他运输方式的衔接和配合。

综上所述，目前和以后煤炭工业的发展，关键问题在于运输，而运输只靠铁路、汽车和水运，还是不能解决问题，必须迅速发展一种新的运煤方式——浆体管道输煤。我国第一条输煤浆长输管线项目已经报相关部门审查。该项目从榆林市神木县延伸到渭南，全长742km，年输煤浆1000万t。

14.4.2 浆体管道输送煤炭特点

14.4.2.1 浆体管道输煤方式优点

相对于传统的运输方式，浆体管道输送方式的优势如下。

（1）节能性：低于空运、公路运输，介于铁路与船舶之间。

（2）经济性：投资省、输送时间连续、运输费用低。与修建同等运力的铁路、公路相比，管道输煤工程的综合投资只有前者的1/5～1/3，与目前的铁路、公路运费相比，管道输煤的费用不足 0.1 元/t · km，仅相当于铁路运费的一半和公路运费的1/5。而且，浆体管道输煤具有外界影响小，连续运输的特点，因此，更容易进行自动化控制。

(3) 实用性：管道埋于冻土线下，占地少，管道铺设最大坡度达 16%，适应性强。

(4) 环保性：除非发生管道破裂，基本对周围环境没有污染。

14.4.2.2 浆体管道输煤方式缺点

浆体管道输煤方式的不足之处如下。

(1) 只能单向运输一种或几种物料，适应性差；

(2) 对沿线地区的发展起不到综合作用；

(3) 不像汽车、火车那样被人们熟悉。

我国煤炭资源分布极不均衡，东少西多，南少北多，是我国煤炭分布的特点。近几年，煤炭运输能力不足的问题已经严重影响了经济的发展。美国黑迈萨输煤管道30多年的成功运行经验表明，管道输煤不仅从技术上完全可行，而且经济、安全、可靠，是理想的煤炭运输方式。采用管道输煤，可以有效缓解我国煤炭运力紧张的现状。

14.4.3 浆体管道运煤系统构成

如图 14-1 所示，原料煤首先进入缓冲仓，然后经反击式破碎机进行破碎。再经棒磨机加水细磨，棒磨机排料经泵打入安全筛，筛下合格粒度煤浆流入搅拌槽，筛出不合格粒度煤粒返回棒磨机再磨，形成闭路循环。经搅拌槽调制成比较均匀的设计浓度，再经底流泵给入安全环管并向首站主泵喂料。根据需要再经一个或几个中间泵站加压送到终端搅拌槽，再经底流泵给入热交换器，以提高温度和过滤效果。通过热交换器后再给入过滤式离心脱水机，离心液返回脱水机入口形成闭路循环。脱水机的脱水煤含水量可降至15%。脱水机溢流(脱出水)给入浓缩池，经底流泵将煤泥打入板框式压滤机，板框式压滤机的滤液再返回浓缩池形成闭路循环。板框式压滤机的滤饼含水量较高，再经管式干燥机干燥，干燥后水分可降至5%，然后送入贮煤场贮存。

图 14-1 所示的浆体管道输煤系统包括前处理系统、输送系统和后处理系统。

(1) 前处理（制浆）系统如下。

① 粉碎、磨细设备；

② 筛分设备；

③ 浓缩设备；

④ 储浆设备。

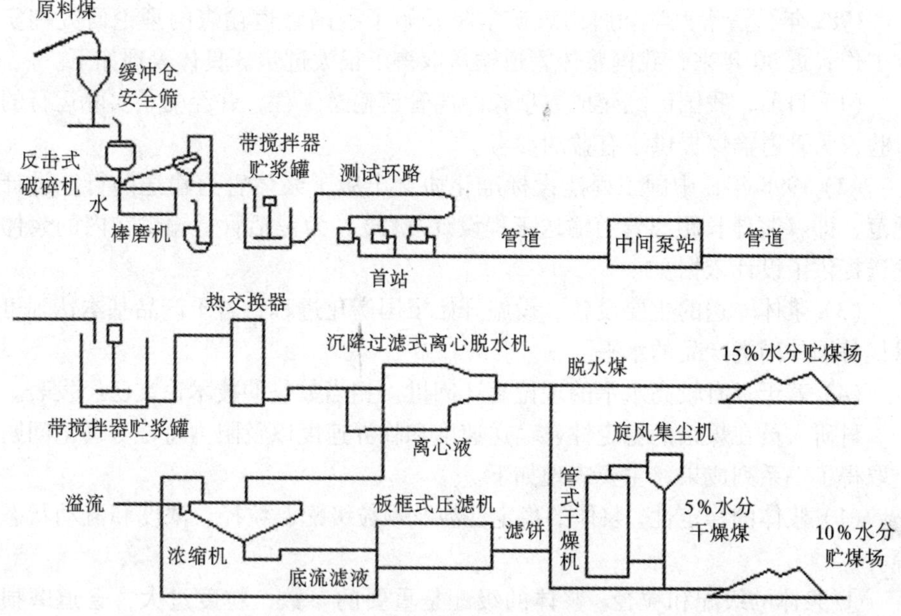

图14-1 浆体管道的输送系统

(2) 管道输送系统如下。

① 泵及泵站（泵的种类有离心泵、隔离泵、活塞泵、柱塞泵、活塞隔膜泵、蜗杆泵等）；

② 管道（钢管、加衬钢管）。

(3) 后处理（脱水、烘干）系统如下。

① 沉淀、过滤设备；

② 脱水、烘干设备等。

14.4.4 国内外浆体管道输煤概况

14.4.4.1 国外浆体管道输煤概况

国外长距离大规模输送煤炭开始于20世纪50年代末期，美国联合煤矿公司在俄亥俄州建成了一条长度达173.8km，管道直径为273mm，年运量为130万t的输煤管道。1970年又建成了一条长度为443km的黑迈萨输煤管道。此后，浆体管道输送技术迅速发展。除了美国外，苏联、日本、加拿大、意大利和波兰等国家都研究和修建了输煤管道。

14.4.4.2 国内管道输煤研究概况

1982 年，清华大学和唐山煤矿学院开始了我国管道输煤的理论研究和实验工作，近 30 年来，我国浆体管道输送取得了很大进步。具体表现如下。

(1) 目前，我国已经建成数项长距离管道输送工程，并经受了实际运行的考验，为管道输煤提供了有益的参考。

(2) 1998 年，中国工程建设标准化协会出版了浆体管道输送的行业设计规范，即《浆体长距离管道输送工程设计规程》，为包括管道输煤在内的浆体输送提供了设计依据。

(3) 浆体输送的主要设备、设施开始了国产化进程，若干产品基本达到可以代替国外同类产品的水平。

(4) 若干具有较高水平的理论著述问世，相当数量的技术论文已经发表。

科研人员在煤浆的稳定性、输送速度和临界速度以及阻力特性等理论问题上取得了一系列成果，主要表现如下。

(1) 浆体的稳定性。浆体的稳定性涉及颗粒级配、粒径、浓度和流动状态等。

① 浆体的级配和粒径。浆体的级配是重要的参数，粒度过大，管道磨损严重且容易产生堵管事故。在高浓度浆体输送中，一般用粗颗粒作为输送的对象，因此，其必然在浆体中占主体，而细颗粒起媒介作用，占少部分。邱跃琴认为合理的级配为粗细颗粒至少相差一个数量级。各国输煤所采用的粒度组成大致为：1.18 ~5mm 的不超过 5%；0.044mm 以下的不少于 18%，其余的在 0.044 ~1.18mm 之间。我国《浆体长距离管道输送工程设计规程》规定，管道输煤的上限粒径为 1.5mm。

② 浆体浓度。管道输煤如全部用粗粒煤输送，不存在复杂的脱水问题，但这将是低浓度的非均质流，要求很高的输送流速，输煤能耗和管壁磨损都很大，只能用于短程运输。若采用浆体近乎均质浆体流动，煤的粒度偏细对管道输送有利，但制浆、脱水费用较高，而且耗水量高，给缺水地区带来困难。费祥俊认为适当调整煤的粒度，能够提高输送浓度。王绍周认为浆体输送存在一个能耗最小的节能浓度和投资最省的经济浓度，且经济浓度仍然是较节能的浓度。一般地，若选择煤炭颗粒在终端脱水，则一般体积分数为 45% ~50%。若终端不脱水，则煤浆体积分数为 60% ~70%。

③ 浆体的流动状态。国内学者费祥俊、许振良等一般采用 Newitt 的浆体流动状态划分方法，将浆体流动划分为：均质流动、非均质流动、滑动床流动和固定床流动。各个流动状态的过渡时期都对应着相应的迁移速度。均质流动和非均质流动的判定一般采用国外学者 Wasp 提出的方法，即用距管道顶部

0.08D（D为管道直径）和0.92D处的浓度和管道中心浓度的比值作为判断均质与非均质的标准。若比值大于0.8则浆体为均质流；否则，为非均质流。

（2）浆体输送速度和临界速度。浆体管道输煤最关键的问题是临界速度和阻力损失问题。浆体输送流速必须大于临界流速，以防止管道底部产生沉积现象。另一方面，输送流速又不能大于临界流速过多，以降低摩阻损失和磨损速率。根据国外经验，输送流速应在临界流速的基础上附加0.3048m/s的裕量。

可见，浆体管道输煤确定合理的流速的关键是如何计算临界流速。国内的丁宏达在分析了大量实验数据的基础上研究了沉积临界流速计算模型。费祥俊基于浆体物理特性及固体颗粒紊动悬浮理论，通过大量实验数据，推出了浆体管道临界不淤流速新模型。戴继岚根据颗粒间的剪应力和雷诺方程，得到了悬浮层流速分布公式，同时将颗粒间的剪应力、颗粒间碰撞力和液相黏滞剪切力带入推移层雷诺方程，得到了推移层流速分布公式。张士林通过速度分布和浓度分布的耦合关系，提出了浆体迁移速度和流速分布的求解模型。此外，刘德忠、王邵周、刘同友等人均对临界速度进行了研究。尽管目前国内外学者做了大量试验研究，提出了大量的临界流速公式，但是还没有一个被普遍认同的公式。

（3）浆体阻力特性。浆体阻力特性主要研究方面是预测管道阻力损失。煤浆管道阻力的预测对于管道输煤具有十分重要的意义。费祥俊把泥沙运动学的有关理论引入管道输送中，并根据管道内推移质和悬移质的不同损失机理，分别计算阻力损失，然后叠加，得到了悬移质与推移质同时存在的阻力损失计算模型。许振良在分析颗粒间干涉力计算模型基础上，从动量角度推导出了固体颗粒速度和液体（一般是清水）与固体颗粒发生动量交换前后的速度关系，再结合指数流速分布公式，通过数值解法，得到了管道中浆体、颗粒和清水的速度分布和水力坡度计算模型。在许振良模型基础上，宁德志、赵利安等进一步提出了倾斜管道摩阻损失模型。夏建新研究垂直管道浆体输送时，考虑了粗颗粒间以及粗颗粒与管壁之间的碰撞引起的能量损失，提出了粗颗粒水力提升阻力计算新模型。华景生在两层模型的基础上，提出了水力输送颗粒临界淤积点的流速与压降计算方法。倪福生提出了两层模型床高度的计算方法。此外，还有其他学者研究了浆体阻力损失。

14.4.5 浆体管道输煤环境危害及应对措施

尽管浆体管道运输煤炭具有密封性强、安全可靠、环境污染少等特点，但不可否认，浆体管道在建设和运营中的各种事故对环境也有一定的影响。这些影响涉及管道所经过地区的土壤、水、植被、野生动物等。因而，无论是在设计还是施工阶段，都应该考虑给野生动物和鱼类活动留有自由生息的空间和迁徙的通道。管道的运营期间如何控制管道对环境的影响是一个难题，因为一些影响是突发的或者渐进的而无法预知。浆体管道输煤事故主要有管道堵塞和管道破裂，这些事故可能导致煤浆外泄，可能堵塞河道、污染河流水质。另外，若采用甲醇、液态二氧化碳和燃料油为输送介质进行管道输煤，输送介质泄漏也会造成严重的环境污染问题。

管道堵塞事故大都属于设计、施工和管理不当，为偶发事故，因此，只要严格设计和管理，一般都能避免。管道破裂事故有渗透和爆管两种。前者是由于管材质量不过关或者焊接不良以及磨损过度所致。后者是由于误操作或水击破坏所致。因此，只要精心设计，选用优质管材和零部件，并且加强管道运行管理，堵塞和破裂事故都可以避免。

14.5 储煤场环境污染及其防治措施

14.5.1 储煤场环境污染

随着煤炭产量的不断提高和电力工业及其他工业部门对煤炭需求量的不断增加，越来越多的煤炭需通过火车、船舶或汽车等方式进行运输，这就要求在各转运点设置与之相适应的煤炭装卸、内部运输和贮存设施。在以煤为主要燃料的电厂或加工企业中，有种重要类型的贮存，即暂时贮存。

建造储煤场的贮存系统要充分兼顾流通、煤场、环境和经济条件等。目前普遍采用的贮存系统有露天贮存、筒仓贮存和厂房式贮存 3 种形式。

由于受技术和经济条件制约，露天储煤系统在我国应用极为普遍。露天储煤具有煤场设备简单、投资少，不同煤种的堆放具有灵活性等优点，但堆煤效率低，煤场占地大、煤尘飞扬污染重。为防止煤尘飞扬，要有洒水设备以及雨水和洒水的排泄设施。

据有关专家估计，我国煤炭贮存过程中，因风损、雨损、自燃及管理不善造成的损失，每年可达 3000 万 t 以上，直接经济损失几十亿元。另据估计，即使总贮量较小的露天煤场，因雨水冲淋和大风引起的煤尘飞扬也接近 0.95%，所以减少存煤损失，对露天煤场有重要意义。表 14-1 显示了不同地区各单位的露天储煤场煤炭损耗。显然，西部的安太堡煤矿煤场由于干旱、缺水、季风盛行，煤损率较大，而地处华北地区的天津港煤码头，由于风大、雨多，煤损率也较大。其他地区相对气候条件较为缓和，因此，煤损耗率较小。

表 14-1　　部分企业露天储煤场煤炭损耗表

单位	煤场规模/万 t	煤种	水分/%	综合气象因素	估计年损耗煤量/万 t	损耗率/%
鞍钢原料厂	400	精煤	10	$v=3.6$m/s，$v_{max}=25.8$，$p=713.5$	2.0	0.5
天津港煤码头	55	原煤	9.2	$v=4.2$，6 级风出现频率 2.47%，$p=602.9$	1.1	2.0
安太堡煤矿	25	原煤	4.5	$v=3.1$，大风日数年均 30 天，$p=390.5$	0.75	3.0
宝钢原煤料场	332	精煤	7~8	$v=4.3$，$v_{max}=24$，$p=1009.1$	2.5	0.75

其中，v 和 v_{max} 为平均风速和最大风速，m/s；p 为年平均降雨量，mm。

14.5.2　储煤场环境污染应对措施

煤尘飞扬损失和雨水冲刷损失这两项是露天储煤场的一项不可忽视的损失，尤其是在北方多风地区和季节，这两项损失大约为1%。风损既造成资源浪费，也污染了周围环境，危害人员健康。风损的防治方法有多种，遮盖苫布、安设防风抑尘网或抑尘墙以及喷水降尘。

煤堆起尘的原因可以理解为：当外界风达到一定强度，风力促使煤堆表面颗粒产生向上迁移的升力，该力大于颗粒自身重力和颗粒间的摩擦力，以及阻碍颗粒迁移的外力时，颗粒就会离开煤堆表面而起尘。挡风抑尘墙的作用原理是通过降低来流风的风速，最大限度地损失来流风的动能，避免来流风的明显涡流，减少风的紊流度，而达到减少起尘的目的。设置合理的挡风抑尘墙，其综合防尘效果能到达85%以上。防风网的降尘原理和挡风抑尘墙类似，也是通过最大限度地降低来流风的动能，减少涡流。喷雾洒水的作用是促使煤堆表面形成3~5cm厚的湿润层，从而抵抗较大的风流吹动。煤场周围种植高大树木也可起到挡风作用，可在一定程度上改善煤场周边环境。雨损治理可以采用煤场排水及污水沉淀、雨天遮盖苫布或在煤场周围砌筑挡煤墙措施。

山西早在2007年就要求露天储煤场和露天煤矿矿场需根据实际条件限期建设防风抑尘网，防风抑尘网总体高度应比正常储煤堆高度高出10%以上，且高出部分不小于1m，底部须有1m以上的实心墙。没有防风抑尘网，将不能储煤。目前，多数大型煤炭企业的露天储煤场均采取了喷雾洒水、防风抑尘网（抑尘墙）或者综合防尘措施，均在很大程度上改善了露天储煤场的储煤条件，保障了相关人员的健康。

第15章 未来洁净煤技术的发展方向

15.1 碳捕集与封存技术

15.1.1 碳捕集与封存技术及其构成

碳捕集与封存（CCS，也做碳捕获与埋存、碳收集与储存等）是指将大型发电厂或其他大型用煤企业所产生的二氧化碳（CO_2）收集起来，并用各种方法储存以避免其排放到大气中的一种技术。这种技术被认为是未来大规模减少温室气体排放、减缓全球变暖最经济、可行的方法。

碳捕集和封存技术主要由3个环节构成。

（1）CO_2 的捕集，指将 CO_2 从化石燃料燃烧产生的烟气中分离出来，并将其压缩至一定压力。

（2）CO_2 的运输，指将分离并压缩后的 CO_2 通过管道或运输工具运至存储地。

（3）CO_2 的存储，指将运抵存储地的 CO_2 注入到诸如地下盐水层、废弃油气田、煤矿等地质结构层或者深海海底、海洋水柱、海床以下的地质结构中。

15.1.2 二氧化碳捕集技术

商业化的二氧化碳捕集已经运营了一段时间，技术已发展得较为成熟，而二氧化碳封存技术各国还在进行大规模的实验。大量分散型的 CO_2 排放源难于实现碳的收集，因此碳捕获的主要目标是化石燃料电厂、钢铁厂、水泥厂、炼油厂、合成氨厂等 CO_2 的集中排放源。针对电厂排放的 CO_2 的捕获分离系统主要有3类：燃烧前捕集、富氧燃烧和燃烧后捕集。

（1）燃烧前捕集。燃烧前捕集主要运用于 IGCC（整体煤气化联合循环）系统中，使煤和高压富氧反应变成煤气，再经过水煤气变换后产生 CO_2 和 H_2。由于此时气体压力和 CO_2 浓度都很高，将很容易对 CO_2 进行捕集。剩下的 H_2 可以被当做燃料使用。

该技术的捕集系统小，能耗低，在效率以及对污染物的控制方面有很大的潜力，因此受到广泛关注。然而，IGCC 发电技术仍面临着投资成本太高

（IGCC电站成本为现有传统发电厂的2倍以上），可靠性还有待提高等问题。

（2）富氧燃烧。富氧燃烧采用传统燃煤电站的技术流程，但通过制氧技术，将空气中大比例的N_2脱除，直接采用高浓度的O_2与抽回的部分烟道气的混合气体来替代空气，为化石燃料燃烧的介质，这样得到的烟气中有高浓度的CO_2气体，可以直接进行处理和封存。

目前欧洲已有在小型电厂进行改造的富氧燃烧项目。该技术路线面临的最大难题是制氧技术的投资和能耗太高，现在还没找到一种廉价低耗的能动技术。

（3）燃烧后捕集。燃烧后捕集即在燃烧排放的烟气中捕集CO_2，目前常用的CO_2分离技术主要有化学吸收法（利用酸碱性吸收）和物理吸收法（变温或变压吸附），此外还有膜分离法技术，正处于发展阶段，但却是公认的在能耗和设备紧凑性方面具有非常大潜力的技术。从理论上说，燃烧后捕集技术适用于任何一种火力发电厂。然而，普通烟气的压力小、体积大，CO_2浓度低，而且含有大量的N_2，因此捕集系统庞大，耗费大量的能源。

碳捕集技术特点和现状如表15-1所示。

表15-1　碳捕集技术特点和现状

CCS捕获技术	技术特点	发展现状
工业分离	利用工业材料分离固碳，技术成熟，但应用有限	成熟市场
燃烧后分离	过程简单，但CO_2浓度低，化学吸收剂较昂贵	技术可行
燃烧前分离	CO_2浓度高，分离容易，但过程复杂，成本较高	技术可行
富氧燃烧	CO_2浓度高，但压力小，步骤较多，供氧成本高	示范阶段

事实上，由于传统电厂排放的二氧化碳浓度低、压力小，无论采用哪种捕集技术，能耗和成本都难以降低。燃烧前捕集技术的建设成本高、运行成本低，而燃烧后捕集技术则是建设成本低、运行成本高。

15.1.3　二氧化碳运输

运输成本在CCS技术系统中所占比重相当小，主要有管道运输和罐装运输两种方式，技术上问题不大。管道运输是一种成熟的技术，也是运输二氧化碳最常用的方法，一次性投资较大，适宜运输距离较远、运输量较大的情况。罐装运输主要通过铁路或公路进行运输，仅适合短途、小量的运输，大规模使用不具有经济性。

一般说来，管道是最经济的运输方式。2008年，美国约有5800km的CO_2管道，这些管道大都用于将CO_2运输到油田注入地下油层以提高石油采收率。

15.1.4 二氧化碳封存

二氧化碳封存的方法有许多种，一般说来可分为地质封存和海洋封存两类。

15.1.4.1 地质封存

地质封存一般是将超临界状态（气态及液态的混合体）的 CO_2 注入地质结构中，这些地质结构可以是油田、气田、咸水层、无法开采的煤层等。相关的研究表明，CO_2 性质稳定，可以在相当长的时间内被封存。若地质封存点经过谨慎的选择、设计与管理，注入其中的 CO_2 99% 都可封存 1000 年以上。

(1) CO_2 注入油田或气田封存。把 CO_2 注入油田或气田用以驱油或驱气可以提高采收率（可提高 30% ~60% 的石油产量）。可见，利用现有油气田封存 CO_2，既可以提高采收率，又实现了碳封存，兼顾了经济效益和减排效果。利用 CO_2 封存提高石油采收率，强化采油机理如图 15-1 所示，高压条件下 CO_2 溶解于原油，可使原油体积膨胀、黏度降低，同时降低油水界面张力，或与碳酸岩基质反应导致储层渗透率增大，从而推动油气向生产井方向流动。这一过程中，注入的大部分 CO_2 将溶解于未能被开采的原油中或贮存于地层孔隙中，只有少量 CO_2 随原油、水和天然气从生产井排出。CO_2 的封存量决定于储层的性质和 CO_2 提高采收率的数值。

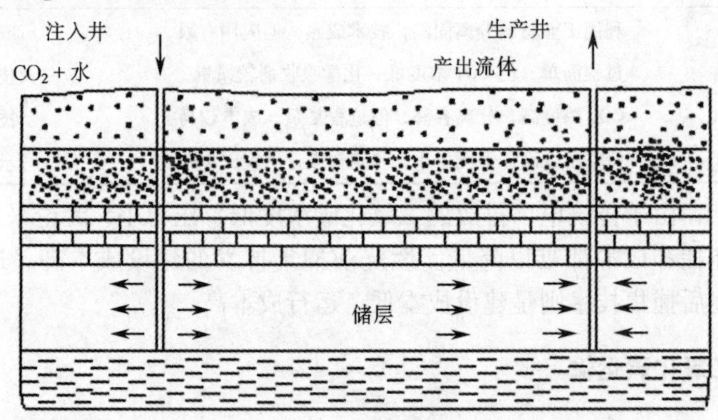

图 15-1 CO_2 强化采油示意图

利用 CO_2 封存提高石油采收率的实践始于 20 世纪 70 年代，现在世界上油藏中采用这种技术的项目已达约 90 个，其中绝大部分在美国。中国的大庆油田、胜利油田及吉林油田等也开展过利用 CO_2 封存提高石油采收率的实践。中国石油天然气股份有限公司于 1999—2002 年在吉林新立油田开展了油田注入 CO_2 的小规模现场试验，探索 CO_2 在增加石油采收率中的应用，已在注入工艺、气水比、注采井工艺、CO_2 在油水中的溶解度、CO_2 与油黏度降低的关系等方面取得了一些初步成果。

CO_2 注入气田封存与 CO_2 注入油田封存类似。

（2）CO_2 注入煤层封存。CO_2 注入无法开采的煤层可以把煤层中的煤层气驱出来，即所谓的提高煤层气采收率。煤层因其表面微孔隙具有不饱和能，易与非极性分子之间产生范德华力，从而具有吸附气体的能力，其天然状态下所吸附的含甲烷（通常达90%）、少量较重烃类、CO_2 和 N_2 的天然混合气体成为煤层气。由于 CO_2 比甲烷对煤具有更大的亲和力（一定温度和压力下，煤体表面吸附 CO_2 的能力大约是吸附甲烷能力的2倍），将 CO_2 注入煤层，CO_2 将吸附于煤层，而驱替出甲烷。除非温度升高或压力降低，CO_2 将不会因解吸而重返大气。

（3）CO_2 注入咸水层封存。若要封存大量的 CO_2，最适合的地点是咸水层。咸水层一般在地下深处，富含不适合农业或饮用的咸水。通常咸水层空气体积大，可封存相当多的 CO_2。但目前我国缺少咸水层方面的地质资料，该技术投资较大。

深部咸水层封存 CO_2 有3种机制：一是将 CO_2 以气体或者超临界流体形态存储在低渗透性的岩石盖层下，把 CO_2 装进“密封罐”里。这种方式通常称为液体埋葬，是处理 CO_2 的重要形式。二是将 CO_2 直接溶解在地下水中，也称为溶解填埋。由于溶解了 CO_2 的地下水呈弱酸性，这种方式可能增加地下水酸度和母岩种矿物质的溶解度。三是地下层中 CO_2 直接或者间接与底层中的矿物质发生化学反应，生成次碳酸矿物，并产生矿物沉淀，这种方式称为“矿物填埋”。

（4）CO_2 注入硅酸盐岩层封存。这种方法的原理是利用碱性和碱土氧化物，如氧化镁和氧化钙将 CO_2 固化。这些物质目前都存在于天然形成的硅酸盐岩中。氧化镁和氧化钙与 CO_2 化学反应后产生诸如碳酸镁和碳酸钙这类化合物。由于自然反应过程比较缓慢，因此需要对矿物做增强性预处理，但耗能非常大。总地看来，CO_2 注入硅酸盐岩层封存在目前看来是一项可行性较低的技术。

（5）CO_2 注入固体废弃物料封存。研究发现，不少固体废弃物富含 Ca，Mg 且呈碱性，近年来国外开展了以固体废弃物为原料固定 CO_2 的研究。其机理是 CO_2 与含 Ca，Mg 的废弃物生产碳酸盐，从而固定 CO_2。由于自然界钙镁硅酸盐废弃物与 CO_2 之间的反应极其缓慢，需要采用各种强化措施，促进反应进行。国外研究人员对此作了大量研究。

我国每年产生大量的粉煤灰、钢渣、电石渣等固体废弃物，这些物料均可

以用来封存 CO_2。因此，以固体废弃物为原料固定 CO_2，特别适合我国现阶段国情。因此，应该力争在 CO_2 矿物碳酸化方向取得突破，使固体废弃物料封存 CO_2 技术早日在我国实现工业应用。

15.1.4.2 海洋封存

海洋封存，一种是经固定管道或移动船只将 CO_2 注入并溶解到 1000m 深度以下海水中，另一种则是经由固定的管道或者安装在深度 3000m 以下的海床上的沿海平台将其沉淀，此处的 CO_2 比水更为密集，预计将形成一个“湖”，从而延缓 CO_2 在周围环境中的分解。然而，这种封存办法也许会对环境造成负面的影响，比如过高的 CO_2 含量将杀死深海的生物、使海水酸化等，此外，封存在海底的二氧化碳也有可能会逃逸到大气当中（有研究发现，海底的海水流动到海面需要 1600 年的时间）。

碳封存技术发展现状如表 15-2 所示。地质封存发展较快，也较为成熟。地质封存取决于地质构造的物理和地球化学的俘获机理。海洋封存尚处于研究阶段，无示范点。废弃物料和咸水层封存 CO_2 发展较快，国外已进入示范阶段。

表 15-2 **碳封存技术发展现状**

方式	技 术	研究阶段	示范阶段	一定条件下经济可行	成熟化市场
地质封存	强化采油				√
	天然气或石油层			√	
	咸水层封存			√	
	提高煤层气		√		
海洋封存	直接注入（溶解型）	√			
	直接注入（湖泊型）	√			
碳酸盐矿石封存	天然硅酸盐矿石	√			
	废弃物料		√		
咸水层封存	咸水层		√		
工业利用					√

15.1.5 我国碳捕集与封存技术发展概况

我国的 CCS 总体上还处于初级阶段，实际经验不足，但与世界各国已展开了一系列的合作研究工作，同时在 CO_2 驱油方面也有了一定的进展。我国正在开展的 CCS 项目有：华能-CSIRO 燃烧后捕集示范项目、华能上海石洞口第二电厂碳捕捉项目、中英碳捕集与封存合作项目（NZEC）、中英煤炭利用近零排放项目（COACH）、广东省二氧化碳捕集与封存可行性研究项目、“绿色煤电”计划。其中，广东省二氧化碳捕集与封存可行性研究项目是我国首个旨在捕集与封存二氧化碳的研究专项，2010 年 4 月启动，项目由中科院南海海洋研究所牵头，参与单位有国家发改委能源研究所、中科院广州能源研究所、中科院武汉岩土力学研究所、领先财纳投资顾问有限公司以及英国剑桥大学和爱丁堡大学，执行期 3 年。华能集团率先提出“绿色煤电”计划，计划用 15 年左右的时间，建成“绿色煤电”近零排放示范电站。此外，我国首个大规模 CCS 项目——神华集团煤地下永久封存二氧化碳项目，不久将在神华集团实施。届时每年将有 10 万 t 二氧化碳被永久封存于地下。

CCS 作为未来几十年内最有潜力、最有效的解决温室效应的方法之一，具有极大的发展潜力，同时成本增长较缓，相对符合国情，是我国在减排技术领域潜在的突破口。

15.2　整体煤气化联合循环发电

整体煤气化联合循环（IGCC）电站被认为是 21 世纪初期最有发展前途的洁净煤发电技术，代表了未来世界清洁煤基能源的发展方向。

15.2.1　整体煤气化联合循环技术的特点

整体煤气化联合循环（IGCC）技术把高效的燃气-蒸汽联合循环发电系统与洁净的煤气化技术结合起来，既有高发电效率，又有极好的环保性能，是一种有发展前景的洁净煤发电技术。在目前技术水平下，IGCC 发电的净效率可达 43% ~45%，今后可望达到更高。而污染物的排放量仅为常规燃煤电站的 1/10，脱硫效率可达 99%，二氧化硫排放在 25mg/Nm^3 左右，氮氧化物排放只有常规电站的 15% ~20%，耗水只有常规电站的 1/3 ~1/2，利于环境保护。

IGCC 存在的问题是系统太复杂，是化工与发电两大行业的综合体，技术难度、安全、经济管理都十分繁杂，且是连续生产的，牵一发动全身。目前仍在商业示范阶段，需进一步提高经济性与降低生产成本。

15.2.2　IGCC 发电技术发展概况

15.2.2.1　国外 IGCC 发电技术发展概况

国外对 IGCC 发电技术的开发和研究始于 20 世纪 70 年代。到 90 年代末期，在世界范围先后建成了 10 余座 IGCC 电厂，其中规模较大的几座分别为：荷兰 1994 年建成的 Buggenum 电厂，总功率为 285MW，采用 Shell 气化炉；美国 1995 年建成的 Wabash River 电厂，总功率为 297MW，采用 E-gas 气化炉；美国 1996 年建成的 Polk 电厂，总功率为 313MW，采用 Texaco 气化炉；西班牙1997年建成的Puertollano电厂，总功率为335MW，采用Prenflo气化炉。以上4个电厂投入运行后，经过十多年的不断调试、试验和改进，目前技术均已成熟，发电效率已达到设计值43%，可用率达到83%。目前全世界共有18座IGCC电厂，约4200MW机组在运行，如果包括在建机组，则有近30座IGCC电厂，总装机容量约为8000MW。

国际上IGCC发电技术正朝着高效、机组容量大型化发展。国际上三大IGCC集团公司（美国GE公司与美国贝壳公司组成的集团公司、荷兰Shell公司与德国西门子公司组成的集团公司以及美国E-Gas公司与美国最大化工公司Flour公司组成的集团公司）受各发电公司委托，正在进行500，600，800，1000MW级以煤为燃料的IGCC机组的设计或建设工作。美国2012年IGCC电站的效率计划达到60%，污染物零排放。

世界范围内IGCC发电技术有着越来越广泛的应用前景：通过工程经验积累，结合F级燃机的广泛应用，可靠性不断提高，设备的成熟、容量的扩大和技术的进步，使IGCC电厂的单位投资正在不断降低（目前国际上单位投资可降至1000美元/kW），建设周期也缩短为2~3年。

15.2.2.2 我国IGCC发电技术发展概况

我国自1978年开始研究IGCC发电技术，并将其列入了国家重点科技发展项目，但由于历史原因，相关研发单位和设备制造厂商积极性并不是很高，错过了与发达国家比肩发展IGCC的历史机遇。

随着近年来节能减排任务的不断加大，国内发展超临界和超超临界发电机组渐成主流。但超临界和超超临界发电仍然是传统的燃煤发电，无法在燃烧过程中较好地处理各种污染物，只能进行尾部处理。而与超超临界相比，IGCC发电效率高，目前可达45%，继续提高的潜力也很大，而且IGCC用水量约为同等容量常规火电机组的1/3~1/2，还可望实现包括CO_2在内的各种污染物的近零排放。

目前我国已将IGCC发电与多联产技术研发项目列入了国家中长期科技发展规划，并在“十一五”期间作为国家“863”计划的重大项目立项，杭州半山20万kW IGCC电站项目已正式列入该计划；“十一五”发展规划纲要也明确提出“启动IGCC电站工程”。现已引进E级和F级燃气轮机制造技术，实现设备生产本土化，为发展IGCC提供了良好的基础。国际上大容量的空分制造厂家在国内建有合资企业，用于IGCC的大型空分设备可在国内生产。IGCC采用常温净化已是成熟技术和工艺，其设备完全可以国产化。总之，组成IGCC的气化、净化、空分和联合循环等分项技术均已进入我国，并已具有一定的设计、制造、应用和建设的经验。

国内IGCC发电核心技术研究已经取得突破，具体表现在：华东理工大学已经成功开发出“多喷嘴撞击流水煤浆气化炉”，容量为1150t/d的气化炉已于2005年10月投产。该气化炉配套生产24万t甲醇、联产80MW发电。西安热工研究院已经建成了36t/d的两段式干煤粉加压气化中试装置，并已完成了2000t/d气化炉的初步设计。在IGCC煤气化、净化、热力系统、余热锅炉等方面取得了一系列的成果。山东联合能源技术公司组织中美专家最近研发出了高效清洁整体煤气化联合循环热电油气多联产系统。这一系统突破了造价、煤种、运行成本三大障碍，总体设计效果达到国际领先水平。这项新技术以我国煤炭储藏丰富的烟煤为气化煤源，通过热解干馏先出优质原油和优质甲烷煤气，然后再高温气化产生优质合成气，进入燃气轮机并构成联合循环两次发电。煤气化炉、余热锅炉、废热炉多股高温蒸汽再次联合循环多次利用，充分提高供热效率和蒸汽轮机的发电，使发电效率达65%、热电利用率达96%以上，煤炭充分高效利用，充分资源化。

2004年，华能集团率先提出“绿色煤电”计划，计划用15年左右的时间，建成“绿色煤电”近零排放示范电站。所谓“绿色煤电”技术，就是以整体煤气化联合循环（IGCC）和碳捕集与封存（CCS）技术为基础，以联合循环发电为主，并对污染物进行回收，对二氧化碳进行分离、利用或封存的新型煤炭发电技术。2005年，华能联合国内的大唐、华电、国电、中电投、神华、国开投、中煤等能源公司，成立了由华能集团控股的绿色煤电有限公司，共同实施“绿色煤电”。2009年7月，中国首座IGCC示范工程——华能天津IGCC电站示范工程——在天津正式开工。IGCC作为“旧能源、新方法”，是将净化燃煤的气化技术和高效的联合循环相结合的先进动力系统，是国内外公认的先进煤炭发电技术，环保性能极好，污染物的排放量仅为常规燃煤电站的1/10，脱硫效率可达99%，氮氧化物排放只有常规电站的15%~20%，同时相对最易实现近零排放。“绿色煤电”计划拟分3个阶段实施，用15年左右的时间最终建成“绿色煤电”示范电站。

据不完全统计，全球已经投入运营的以煤为原料的大规模IGCC电站有5座，总装机约130万kW，在建和正在规划的各类IGCC电站40余座，总装机约2000万kW。这些电站主要分布在美国、日本、欧洲各国等发达国家。同时，目前全球共有17个电站拟采用“绿色煤电”相关技术，在IGCC的基础上实现燃煤发电近零排放，其中美国9个，英国3个。

IGCC发电技术的发展是未来煤炭能源系统的基础，应用前景广泛，市场潜力巨大，加快IGCC发电技术的应用和推广具有战略意义。目前，我国IGCC发电各个分项技术已相当成熟，其关键技术在于整体化。国内电力研究院和设计单位开展了大量的研究工作，积累了一定的经验，为我国加快 IGCC 技术的应用步伐奠定了基础。立足国内技术力量，积极推进工程实践，有助于 IGCC 发电技术在我国的应用和发展。

15.3 煤基多联产

15.3.1 煤基多联产技术特点

IGCC 已经发展了几十年，技术在不断地成熟，系统的可靠性在不断地增强，但是还存在很多问题，其自身的一些缺陷仍然是阻碍其发展的关键。IGCC 电站的投资费用高，经济上仍然无法与常规燃煤电站竞争；系统还不够成熟，运行经验还不够，可靠性、可用率还有待进一步提高；操作不够灵活，一般只能用做基本负荷电站。因而，要想在将来实现 IGCC 电站在煤发电中占有相当的份额，这些问题都必须得到解决。因此，结合我国当前在这一领域的技术、装备和投资现状，直接发展单纯的 IGCC 技术时机尚不成熟。而煤基多联产，即将煤电与煤化工耦合，发展煤基多联产 IGCC 发电工程模式，建立煤电化联产的综合技术路线，则是技术上有保障、经济上更合理的方式。这种煤炭利用的“能源-化工一体化”模式，同时实现了发电与基础化工品的综合高效利用，是符合我国能源利益的煤炭利用现代化的技术出路，是能最终实现 IGCC 技术不断优化与成熟、降低经济成本的有效途径。

与单纯的 IGCC 发电有所不同，煤基多联产 IGCC 是以煤气化为基础，在采用 IGCC 技术发电，保留了 IGCC 高效、清洁等优越性的同时，向外提供甲醇、二甲醚、乙烯等化工品，并能对外提供氢气、蒸汽等多种工业产品，实现了煤炭资源的高效综合利用发电并联产化工品，这正是该系统的优势所在。由于电力与化工品联产，系统更具经济性、实用性；由于多系统整合、涉及多种技术的集成优化而更具创新性、示范性、高端性。

15.3.2 煤基多联产技术原理

煤基多联产的原理如图 15-2 所示，煤炭通过脱硫、气化和采用技术的有机集成，从而获得多种二次能源（电，甲醇等液体燃料，城市煤气、氢等气体燃料）和多种高附加值的化工副产品，以及用于工艺过程的有效能量。多联产相当于把化工和发电两个过程耦合起来，能量利用效率可以提高 10% ~ 15%，同时，化工产品增值量比较大，并且能够实现调峰。煤的气化系统价格昂贵，如果能实现化工和发电相互调整，气化系统就能始终稳定运行，降低发电成本。煤基多联产以煤炭气化为中心，可以将95%以上的煤转换成合成气。将合成气用于联合循环发电，可以获得比常规燃煤发电更高的能源利用效率。多联产技术是实现煤基洁净能源的有竞争力的途径。

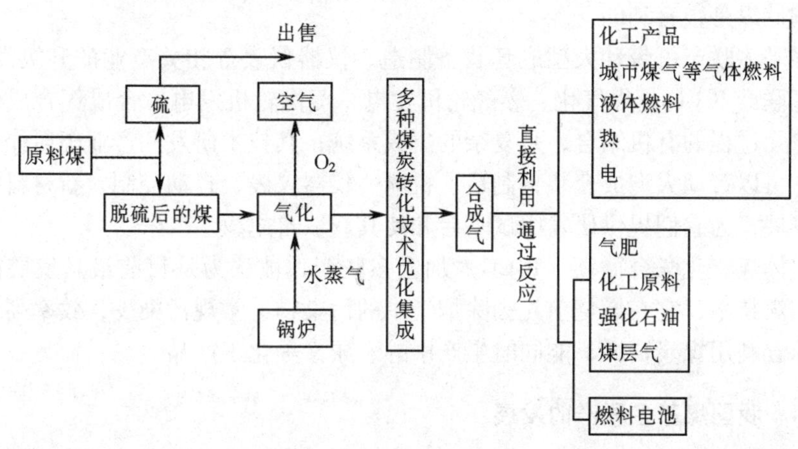

图15-2　煤基多联产系统

15.3.3　我国发展煤基多联产的意义

煤基多联产包括两大方面，即发电和生产化学品。在发电方面，以先进煤气化技术为龙头的IGCC多联产比现有的燃煤电厂拥有更高的发电效率和更低的水消耗。由于合成气体积比烟道气小很多，因此净化处理也要容易得多，可以实现硫和氮的零排放，二氧化碳则更容易进行捕捉与封存。在化学品生产方面，当石油和天然气耗尽或者价格上涨到一定水平后，煤炭将成为经济地大规模获取化学品的唯一选择。IGCC多联产在发电的同时，可以使用合成气（CO/H_2）生产多种多样的化学品，通过甲醇这个关键的中间产品，可以获得烯烃等非常丰富的衍生物，也可以通过合成气直接生产油品和各种化学品。推行多联产，可以使发电和煤化工按需要灵活调节。比如：在使用煤气进行发电时，发电机组经常会遇到调峰问题，在不需要多发电的时候，把多余部分的合成气用来生产其他产品，如甲醇、二甲醚等，能使能量以化学能的形式保存。而在用电高峰时期，减少生产的甲醇，甚至可以以甲醇为燃料发电，就可以解决目前发电机组由于调峰所造成的能量损失和浪费。如果再从耦合技术路线的角度出发，使各条技术路线取长补短，实现能量的梯级利用，将更能体现多联产系统的优越性，从而使煤炭资源利用效率达到最大化。

煤基多联产系统中，原料煤经过纯氧气化后，得到的合成气可以达到很高的除尘和脱硫率，其污染物的排放指数大大降低。有数据显示，煤基多联产

IGCC 发电系统可使 CO_2 排放减少 40%，SO_x，NO_x，CO 和颗粒物质排放减少 80%。此外，煤基多联产 IGCC 还能清洁地利用高硫煤——将硫元素以硫磺的形式回收利用，很好地解决了"放着的资源不能用"的问题，这对有效利用我国的储煤是很有利的。

煤基多联产可带动大型成套装备制造、仪器仪表等相关产业的升级发展。煤基多联产 IGCC 是煤气化、燃气轮机发电、蒸汽轮机发电、合成气合成化学品等单元过程的有机结合，是复杂的集成系统，其技术研发和产业辐射作用非常强，可以带动大型成套装备制造、机电、仪器仪表、自动控制、新材料等产业的发展，为它们提供研发中试平台和使其获取自主权。

整体煤气化联合循环（IGCC）加上多联产，被认为是目前最具发展前景的清洁煤技术，它在燃烧前先去除烟气中的污染物，常规污染少，效率高，有利于综合利用煤炭资源，能同时生产甲醇、尿素等化工产品。

15.3.4 我国煤基多联产的发展

我国在煤炭气化技术的实践和研究中，积极开展了以煤炭气化为核心的多联产系统研究。兖矿集团、中科院工程热物理研究所经过多年自主研发建成的高效洁净煤基甲醇联产电示范系统（年产 24 万 t 甲醇，20 万 t 醋酸和 60MW 电力），是我国首座煤气化发电与联产示范工程，于2005 年投产。该工程已成功运行几年来，并得到良好的经济效果和环境效果，而且 IGCC 联产甲醇装置属于世界首创。淮南矿业集团与浙江大学共同开发的 12MW 循环流化床煤的热电气焦油联产工业示范装置于 2009 年已经获得初步成功。项目利用循环流化床技术在煤燃烧之前，将煤中富氢成分提取出来用做优质燃料和高附加值化工原料，剩下的半焦通过燃烧产生热量，再去供热和发电，不仅大幅度提高了煤的利用价值，而且节能率达到 20%，硫化物和氮化物等污染物排放降低了 50% 以上。

我国正在规划中的煤基多联产项目如下。

大唐东莞 IGCC 发电项目，2006 年 8 月大唐集团与东莞市政府签署合作开发意向书，计划采用神华煤，4×400MW 燃机，预留对外供气。

大唐沈阳 IGCC 多联产工程，2006 年 8 月大唐集团与沈阳市政府签订项目开发协议，项目集发电、供热和化工于一体，规划建设 4×400MW 发电机组，联产甲醇 120 万 t/a，一期工程投资达 97.14 亿元，联产甲醇 60 万 t/a，预计项目一期年发电量为 55 亿 kW·h。

大唐深圳煤化工及 IGCC 项目，2006 年 8 月大唐集团与深圳市政府签署了合作框架协议，总投资 220 亿元，年产值可达 120 亿元，可向珠江三角地区提供基础化学品100万t/a，向园区集中供应公用工程、公用气体、化工特种气体，向广东电网供电约26亿kW·h/a，分两期建设，目前可研报告已通过审查。

2008年年初，广东东莞电化太阳洲4×20万千瓦级IGCC示范工程（三个国家级IGCC示范工程之一）通过项目可研报告审查，已在年内动工。未来将基于4×20万千瓦级IGCC示范工程，增加120万t/a的甲醇生产能力，建成联产系统，进一步提高效率，增加产品多样性，实现电力、化工产业融合。

天津滨海新区25万千瓦级IGCC示范电站，气化炉的容量为2000t/d，发电机组容量为25万千瓦级，配备50000标准立方米的空气分离装置。气化炉所产合成气的80%用于联合循环发电；另20%通过相接管供该市渤化集团公司联产化工产品，可使渤化集团公司的产能提高10%。该项目建成投产后所产电将直接进入“京津唐电网”和“华北电网”，由国家统一调配电量及用途。

中美蒙发IGCC煤电化多联产项目，由中煤蒙发有限公司与美国CME公司、GE公司共同投资建设。项目分两期进行。一期投资20亿美元，建成2×80万t/a甲醇生产线和800MW联合循环发电，年煤炭加工能力500万t。二期投资20亿美元，开发煤化工下游高附加值产品，生产醋酸酐、柴油、汽油、尿素等，年煤炭加工能力500万t。

煤基多联产IGCC项目是十分复杂的系统，涉及多领域、多学科交叉，需加强系统集成研究，选择最优方案。而且，大型煤气化技术的选择与阶段配置、大型空分技术，以及煤气净化技术等重大关键技术均需要在工程实践中不断优化。煤的综合高效清洁利用越来越摆到关系能源经济安全、关系企业经济社会效益的重要位置上，煤基多联产IGCC发电在未来实现大规模产业应用之前，还有若干技术路线和技术方案需要探索示范。

参考文献

[1] 郝临山. 洁净煤技术[M]. 北京:化学工业出版社,2008.
[2] 姚强. 洁净煤技术[M]. 北京:化学工业出版社,2005.
[3] 晋萍. 工业型煤型焦技术[M]. 北京:煤炭工业出版社,1997.
[4] 邬纫云. 煤炭气化[M]. 徐州:中国矿业大学出版社,1989.
[5] 俞珠峰. 洁净煤技术发展及应用[M]. 北京:化学工业出版社,2004.
[6] 毛健雄. 煤的洁净燃烧[M]. 北京:科学出版社,1998.
[7] 虞继舜. 煤化学[M]. 北京:冶金工业出版社,2000.
[8] 徐振刚,刘随芹. 型煤技术[M]. 北京:煤炭工业出版社,2001.
[9] 徐永圻. 煤矿开采学[M]. 徐州:中国矿业大学出版社,1999.
[10] 阎维平. 洁净煤发电技术[M]. 北京:中国电力出版社,2008.
[11] 赵明鹏,陈敏,钟显亮. 煤层气井巷开采法的探讨[J]. 中国煤田地质,1996(03):78-82.
[12] 张福成. 神东矿区大井田开采煤矸石处理与利用技术[J],煤矿区安全,2008(10):36.
[13] 张宝贵. 浅谈公路运煤车辆的污染及治理[J]. 山西交通科技,2001(04):60-62.
[14] 夏建新. 大洋多金属结核水力提升两相流体动力学及应用研究[D]. 徐州:中国矿业大学,1997.
[15] 华景生,万兆惠. 管道输沙中滑动底床的试验研究[J]. 水利学报,1989(12):21-30.
[16] 倪福生. 管道输沙两层流动模型分界面位置的确定[J]. 中国港湾建设,2008(2):13-15.
[17] 戴继岚. 管道中具有推移层的两相流动[D]. 北京:清华大学,1985.
[18] 张士林. 沉降性浆体速度与浓度分布耦合模型及迁移速度研究[D]. 大连:大连理工大学,2004.
[19] 丁宏达. 浆体管道输送沉积临界流速的研究[J]. 油气储运,1985,4(01):1-8.
[20] 费祥俊. 浆体管道的不淤流速研究[J]. 煤炭学报,1997,22(05):532-536.
[21] 费祥俊. 浆体与粒状物料输送水力学[M]. 北京:清华大学出版社,1994..
[22] 许振良. 管道内非均质流速度分布与水力坡度的研究[J]. 煤炭学报,1998,23(1):91.
[23] 许振良,赵利安,宁德志. 沉降性浆体非水平管道水力坡度的新模型[J]. 矿业工程,2005(12).
[24] 赵利安,许振良. 倾斜管道水力坡度的研究[J]. 辽宁工程技术大学学报,2003(08):15-17.
[25] 宋志宏,周鹏. 煤炭运输和堆存的损耗及其环境污染[J]. 煤矿环境保护,1993(04):52-55.
[26] 胡笑颖,顾煜炯,杨昆. 浅析煤炭多联产系统[J],煤炭技术,2005,24(12):7-9.